Съюзниците
на
Човечеството

◆

КНИГА ПЪРВА

Съюзниците на Човечеството

КНИГА ПЪРВА

◆

СПЕШНО СЪОБЩЕНИЕ
За Извънземното Присъствие
в Света Днес

Маршал Виан Самърс

АВТОР НА
СТЪПКИТЕ КЪМ ЗНАНИЕТО: Книга за Вътрешното
Познание

СЪЮЗНИЦИТЕ НА ЧОВЕЧЕСТВОТО КНИГА ПЪРВА: Спешно Съобщение За Извънземното Присъствие в Света Днес

Авторско право 2001г., 2008г. на Обществото за Пътя на Знанието във Великата Общност.

Редактирана от Дарлин Мичел

Оформление на Арджент Асоциация, Болдър, Колорадо

Художествено оформление на корицата - Рийд Новар Самърс "За мен изображението на корицата представлява нас хората на Земята с черна сфера, символизираща извънземното присъствие на света днес и светлина зад нея, разкриваща това невидимо присъствие за нас, което ние по друг начин не бихме могли да видим. Звездата осветяваща Земята, представлява Съюзниците на Човечеството, които дават ново съобщение и нова перспектива на Земните връзки с Великата Общност."

ISBN: 978-1-884238-45-1 *СЪЮЗНИЦИТЕ НА ЧОВЕЧЕСТВОТО КНИГА ПЪРВА: Спешно съобщение за Извънземното Присъствие в Света Днес*

NKL POD / eBook Version 4.5

Библиотека на Конгреса Контролен Номер: 2001 130786

Това е второ издание на *Съюзниците на Човечеството Книга Първа*

Заглавната страница е публикувана на английски

PUBLISHER'S CATALOGING-IN-PUBLICATION

Summers, Marshall.
The allies of humanity book one : an urgent message about the extraterrestrial presence in the world today / M.V. Summers
p. cm.
978-1-884238-45-1 (English print book)   001.942
978-1-884238-94-9 (Bulgarian print book)
978-1-884238-46-8 (English ebook)
978-1-884238-95-6 (Bulgarian ebook)

QB101-700606

Книгите на Библиотеката на Новото Знание, са публикувани от Обществото за Пътя на Знанието във Великата Общност. Това е организация с нетърговска цел, посветена на представянето на Пътя на Знанието във Великата Общност.

За да получите информация за аудио записи и учебни програми, моля посетете сайта на Общността или пишете:

THE SOCIETY FOR THE GREATER COMMUNITY WAY OF KNOWLEDGE
P.O. BOX 1724 • Boulder, CO 80306-1724 • (303) 938-8401

society@newmessage.org
www.alliesofhumanity.org   www.newmessage.org

Посвещава се на великите движения за свобода

В историята на нашия свят –

Както познати, така и непознати.

СЪДЪРЖАНИЕ

Четири фундаментални въпроса за

извънземното присъствие в света днес:

Какво се случва?

Защо се случва?

Какво означава?

Как можем да се
подготвим?

Не са много книгите, които могат да променят човешки живот, но далеч по-рядко се среща творба, която има потенциала да промени човешката история.

Почти четиридесет години преди движението за защита на околната среда, една смела жена написа най-провокативната и противоречива книга, която промени курса на човешката история. Тихата Пролет е книгата на Рейчъл Карсън, породила световно осъзнаване на опасността от замърсяването на околната среда и дала началото на движението на активистите, което продължава и до днес. Една от първите, които публично обявиха, че използуването на пестициди и химически отрови е заплаха за живота на всички, Карсън е осмивана и хулена от обществото в началото, но впоследствие е считана за един от най-важните гласове на 20 век. Тихата Пролет, все още е считана за крайъгълен камък на екологията.

Днес, преди съществуването на обществено съзнание за вероятно извънземно нашествие между нас, един смел мъж – непознат до този момент духовен учител – излиза напред, представяйки изключителна и тревожна комуникация отвъд нашата планета. Със *Съюзниците на Човечеството*, Маршал Виан Самърс е първия духовен водач на нашето време, който заявява категорично, че нежеланото присъствие и тайните действия на нашите извънземни "посетители" преставляват огромна заплаха за човешката свобода.

Докато в началото, вероятно както и Карсън, Самърс ще се сблъсква с подигравки и пренебрежително отношение, той би могъл да бъде обявен за един от най-важните гласове на света в областта на извънземния интелект, човешката духовност и еволюцията на съзнанието. По същия начин, *Съюзниците на Човечеството* би могла да бъде кардинално средство за осигуряване на бъдещето на нашата раса – не само нашето събуждане за изключителните предизвикателства на тихата извънземна инвазия, но също така и за началото на безпрецедентно движение на отпор и пълномощия.

Въпреки че обстоятелствата в началото на този изключително противоречив материал, биха могли да бъдат проблематични за някои, перспективата която той представлява и спешното съобщение което предава, изизкват, нашето най-дълбоко обсъждане и решителен отговор. Тук ние очевидно сме изправени пред твърдението, че зачестилите появявания на НЛО и други подобни феномени, са показател за нищо друго, освен за умела и необезпокоявана досега намеса от извънземни сили, стремящи се да използуват Земните ресурси изцяло в своя полза. Как да отговорим по най-подходящ начин на такива обезпокоителни и възмутителни претенции? Трябва ли да ги игнорираме или отхвърлим, както много от клеветниците на Карсън са сторили? Или трябва да разследваме и да се опитаме да разберем, какво точно ни се предлага в този случай?

Ако избора ни бъде да разследваме и да разберем, ще открием следното: Основното обобщение от последните десетилетия за

НЛО дейности и други извънземни феномени (извънземни отвличания и имплантиране, разчленяване на животни и дори психологическо "притежание") дава достатъчно доказателства на Съюзническата перспектива; разбира се, информацията съдържаща се в докладите на Съюзниците изяснява шокиращи въпроси, които са озадачавали изследователите с години, отчитайки толкова много мистериозни, но постоянни доказателства.

След като веднъж сме приключили с тази материя и сме удовлетворени, че съобщението на Съюзниците не е само правдоподобно, но и завладяващо, тогава какво? Нашите обсъждания ще доведат неминуемо до заключението, че затруднението ни днес има дълбока аналогия с нашествието на Европейската "цивилизация" в Америките от 15 век, когато местните туземци, не са били в състояние да разберат и да реагират по съответния начин на сложните и опасни сили, акустирали на техните брегове. "Посетителите" са дошли в името на Бог, демонстрирайки впечатляваща технология и претендирайки да предложат много по-напреднал и цивилизован начин на живот. (Важно е да вмъкнем, че Европейските нашественици не са били "въплъщение на дявола", а просто търсачи на възможности, оставяйки след себе си в наследство едно неумишлено опустошение.).

Гледната точка е следната: Радикалните и широко разпространени нарушения върху свободата, която Туземните Американци впоследствие изживяват – включително рязкото намаляване на тяхното население – не е само огромна човешка трагедия, но също така и голям урок за нашата моментна ситуация. В сегашния случай, ние всички сме местно население на този свят и докато всички заедно не дадем по-креативен и обединен отговор, ние също можем да имаме подобна трагична съдба. Точно такова е разбирането, което Съюзниците на Човечеството представят.

Това е книга, която може да промени нечий живот, защото тя активира дълбокия, вътрешен зов, който ни напомня за нашата цел да бъдем живи в този момент от човешката история и ни изправя лице в лице с нашата съдба. Така ние сме изправени пред възможно най-неудобното си разбиране: Бъдещето на човечеството може изцяло да зависи от това, как ще откликнем на това съобщение.

Книгата *Съюзниците на Човечеството* е изключително предупреждаваща, тя не подбужда страх или унищожение. За сметка на това, съобщението предоставя изключителна надежда за това, кое е най-опасното и трудното в момента. Очевидното желание е да се опази човешката свобода и да се катализира личен и колективен отговор на извънземната намеса.

Самата Рейчъл Карсън веднъж пророчески е определила проблема, който пречи на възможността ни да откликнем на сегашната криза: "Ние все още не сме достатъчно зрели", казва тя, "за да мислим за себе си като малка част от огромна и невероятна вселена." Безспорно ние се нуждаем от ново разбиране за нас самите, за нашето място в космоса и за живота във Великата Общност (огромната физическа и духовна вселена, в която ние се включваме сега). За щастие, *Съюзниците на Човечеството* служи като вход към изненадващата реалност на духовните учения и практики, като обещава да развие необходимата зрялост у хората с перспектива, която не е нито земна, нито човешка, а е вкоренена в стари, дълбоки и по-универсални традиции.

Съобщението на *Съюзниците на Човечеството,* отправя предизвикателство към почти всички наши фундаментални представи за реалността, едновременно даващи ни най-голямата възможност за развитие и най-голямото предизвикателство за оцеляване. Докато сегашната криза заплашва нашето себеопределяне като раса, тя също така би могла да ни осигури толкова необходимата основа, върху която да изградим съюз на човешката раса – неща, почти невъзможни без това. С перспективата дадена в *Съюзниците на Човечеството* и с ученията представени от Самърс, ние получаваме необходимото ни вдъхновение да си взаимодействаме в дълбокото разбиране и да служим на по-нататъчната еволюция на човечеството.

◆

В този доклад за списание Таймс за 100 най-влиятелни гласове на 20 век, Питър Матесен написа за Рейчъл Карсън, "Преди движението за защита на околната среда, имаше една смела жена и нейната много смела книга." След няколко години може би ще казваме подобно нещо и за Маршал Виан Самърс: В миналото съществуваше движение за човешка свобода за отпор на извънземната Инвазия, имаше един смел мъж и неговото много смело съобщение, *Съюзниците на Човечеството.* Дано сега нашият отговор бъде по-бърз, по-решителен и по-единен.

—Майкъл Браунли
Журналист

Съюзниците на Човечеството е представена, за да под-
готви хората за напълно нова реалност, която е непозната
и скрита за света днес. Тя осигурява нова перспектива, ко-
ято оторизира хората да се изправят срещу най-голямото
предизвикателство и възможност срещу която ние, като ра-
са, сме се сблъсквали досега. Документите на Съюзниците
съдържат критични и дори алармиращи изявления за уве-
личаващото се извънземно присъствие и внедряването в чо-
вешката раса, както и за дейностите и тайните планове
на извънземните. Целта на Документите на Съюзниците не
е осигуряването на твърди доказателства за реалността на
извънземните визити в нашия свят, което е вече добре до-
кументирано в много други книги и журналистически раз-
следвания. Целта на Документите на Съюзниците е да адре-
сира драматични и стигащи по-далеч изводи за този фено-
мен, да предизвика нашите човешки тенденции и предполо-
жения засягащи го и да алармира хората за огромното пре-
пятствие, пред което сме изправени. Документите осигуря-
ват бегъл поглед към реалността на интелигентния живот
във вселената и какво този Контакт наистина ще означава.
За много читатели, това което се разкрива в *Съюзниците на
Човечеството*, ще бъде нещо напълно ново и непознато. За

други то ще бъде потвърждение на това, което те дълго са чувствали и знаели.

Въпреки, че тази книга предава важно и неотложно съобщение, тя също така показва как да продължим напред към по-високо съзнание наречено "Знание или Познание", което включва и телепатични умения между хората и расите. В светлината на това, Документите на Съюзниците са предадени на автора от мултирасова извънземна група индивиди, които наричат себе си "Съюзници на Човечеството". Те се описват като физически същества от други светове, които са се събрали в нашата слънчева система, недалече от Земята, с цел да наблюдават комуникацията и дейността на тези извънземни раси, които са тук в нашия свят, намесвайки се в човешките дела. Те наблягат на факта, че самите те не са физически представени в нашия свят и осигуряват само нужната мъдрост, а не технология или намеса.

Документите на Съюзниците са предадени на автора за около една година. Те предлагат перспектива и визия за сложна материя, която въпреки десетилетните доказателства, продължава да обърква изследователите. Тази перспектива обаче, не е розова и романтична, спекулативна и идеалистична по отношение на темата. Напротив, тя е болезнено реалистична и безкомпромисна до степен, при която може да бъде доста предизвикателна, дори за много компетентни по темата читатели.

Следователно, за да получите това, което предлага тази книга, вие трябва да преустановите дори само за момент много от своите вярвания, предположения и въпроси, които вероятно имате за извънземените Контакти и дори за това, как тази книга е била получена. Съдържанието и е като съобщение в бутилка, пратено тук отвъд този свят. Затова ние не би трябвало да сме загрижени за бутилката, а за самото съобщение в нея.

За да можем напълно да разберем това предизвикателно съобщение, ние трябва да се изправим и противопоставим на много от преобладаващите предположения и тенденции, касаещи възможността и реалността на Контакта. Това включва:

- отхвърляне;

- надежда в очакванията;

- неправилно тълкуване на доказателствата в подкрепа на нашите вярвания;

- очакване и желание за спасение от "гостите";

- вяра че ИТ (Извън Земната) Технология ще ни спаси;

- чувство на безнадежност и покорство към предполагаемата превъзхождаща ни сила;

- искания за разкритие и обяснение от правителството, но не и по отношение на ит;

- обвинение към човешките лидери и институции, докато приемаме по същество присъствието на "гостите";

- предположения, че поради това, че не са ни атакували или завладяли, те трябва да са тук в наша полза;

- предположения, че напредналата технология е равна на напредналата етика и духовност;

- вярване, че този феномен е мистерия, докато той всъщност е напълно нормален и обясним факт;

- вярване, че извънземните в някои случаи имат претенции към хората от тази планета;

– и вярване, че човечеството е непоправимо и не може да
се справи само.

Документите на Съюзниците разкриват подобни предположения и
тенденции и оборват много митове, които имаме за това кой ни на-
вестява и с каква цел.

Документите на Съюзниците разкриват огромна перспектива и
дълбоко разбиране за нашата съдба в голямата панорама на инте-
лигентния живот във вселената. За да постигнат това, Съюзниците
не говорят на аналитичното ни съзнание, а на Знанието, на дълбо-
ката част от нашето същество, където истината, колкото и затъм-
нена, може да бъде директно разкрита и изживяна.

Съюзниците на Човечеството Книга Първа ще постави много
въпроси, които ще изискват бъдещо разследване и размисъл. Ней-
ният фокус е не да осигури имена, дати и места, а да разкрие пер-
спективата на Извънземното Присъствие на света и на живота във
вселената, която ние като човешки същества не бихме могли да
имаме по друг начин. Докато все още живеем в изолация на по-
върхността на нашия свят, ние още не можем да видим и знаем как-
во се случва по отношение на интелигентния свят отвъд нашите
граници. Затова ние се нуждаем от помощ, помощ от необикновен
източник. Ние може би няма да разберем и приемем тази помощ
отначало. Но тя е тук.

Посочената цел на Съюзниците е да ни алармира за рисковете
на присъединяването ни към Великата Общност на интелигентния
живот и да ни асистира в успешното преминаване на това важно
препятствие по такъв начин, че човешката свобода, независимост
и себеопределение да бъдат запазени. Съюзниците са тук, за да ни

съветват относно необходимостта да установим собствени "Правила на Поведение" за това безпрецедентно време. Според Съюзниците, ако сме мъдри, подготвени и единни, ние ще можем да заемем мястото си на зряла и свободна раса във Великата Общност.

◆

През годините, когато тези серии от документи са се появили, Съюзниците са повторили някои ключови идеи за които смятат, че са жизнено важни за разбирането ни. Ние сме осигурили повторения в книгата, за да запазим желанието и целокупността на тяхната комуникация. Заради спешното естество на тяхното съобщение и заради силите на света, които биха се противопоставили на това съобщение, е необходимо тази мъдрост да бъде повтаряна.

След публикацията на *Първата Книга на Съюзниците* през 2001г., Съюзниците са осигурили втори набор от Документи, за да допълнят важното си съобщение към човечеството. *Втората Книга на Съюзниците на Човечеството*, публикувана през 2005 г., представя изумителна и нова информация за взаимодействието между расите в нашата локална вселена, както и целта и тайните действия на тези раси, намесващи се в човешките дейности. Благодарение на тези читатели, които са почувствали спешността на съобщението на Съюзниците и превеждат Документите на други езици, се развива световно съзнание за реалността на Интервенцията.

Ние от Библиотеката на Новото Познание считаме, че тези две отпечатвания на Документите съдържат това, което може би е най-важното съобщение, предадено на света днес. *Съюзниците на Чо-вечеството* не е само още една книга, спекулираща относно НЛО/ Извънземни феномени. Тя е истинско трансформиращо съобще-ние, насочено директно в основната цел на извънземната Интер-венция, за да повиши съзнанието, което ни е нужно, за да се изпра-вим срещу предизвикателствата и възможностите, които са пред нас.

—Библиотека на Новото Знание

Кои са
Съюзниците на Човечеството?

Съюзниците служат на човечеството, защото служат за възстановяването и проявлението на Знанието навсякъде във Великата Общност. Те представляват мъдрите в много светове, които поддържат великата цел в живота. Те заедно споделят Знанието и Мъдростта, които могат да бъдат трансферирани на огромни разстояния в космоса и през всички граници на раси, култури, темперамент и среда. Тяхната мъдрост е проникваща. Техните умения са огромни. Тяхното присъствие е тайно. Те ви оценяват, защото разбират, че вие сте присъединяваща се раса, присъединяваща се към трудна и състезателна среда във Великата Общност.

◆

ДУХОВНОСТ ВЪВ ВЕЛИКАТА ОБЩНОСТ
Глава 15: Кой служи на Човечеството?

....*Преди около двадесет години, група индивиди от различни светове, са се събрали на тайно място в нашата слънчева система близо до Земята, с цел да наблюдават извънземната Интервенция, осъществяваща се в нашия свят. От скритото си място, те са били в състояние да определят идентичността, организацията и намеренията на тези, които навестяват нашия свят и да наблюдават дейността на нашествениците.*

Тази група наблюдатели нарича себе си "Съюзници на Човечеството".

Това е техният доклад.

Документите

♦

Чуждопланетното Присъствие на Земята Днес

Голяма чест за нас е възможността да представим тази информация пред всички, които са щастливи да я получат. Ние сме Съюзниците на Човечеството. Излъчването и беше възможно посредством Невидимите – духовните наставници, които следят развитието на интелигентния живот, както във вашия свят, така и във Великата Общност на Световете.

Нашата комуникация не се осъществява по механичен път, а по духовни канали свободни от намеса и проследяване. Въпреки, че живеем във физическия свят както и вие, ние имаме привилегията да комуникираме по този начин, за да ви предадем необходимата информация.

Ние сме малка група, наблюдаваща случващите се процеси на Земята. Ние сме от Великата Общност, не се месим във вашите дела и нямаме за цел да го правим в бъдеще. Изпратени сме с много конкретна цел – да наблюдаваме събитията случващи се във вашия свят, както и да комуникираме с вас за това, което знаем и виждаме по въпроса. Това е защото вие живеете много повърхностно във вашия свят и не можете да видите събитията в дълбочина. Вие също така не можете ясно да видите картината на света в настоящия момент и какво вещае бъдещето за вас.

Ние ще ви представим данни и доказателства за това. Ние правим всичко това в отговор на молбата от страна на Невидимите и затова сме пратени на тази мисия. Информацията, която ще ви предадем вероятно ще изглежда обезпокоителна и поразителна. Тя между другото е неочаквана от болшинството, които ще чуят това съобщение. Ние разбираме за тези трудности, защото и ние сме преживявали подобни изпитания в нашата история и култура.

В началото, когато чуете тази информация ще ви бъде трудно да я приемете, но тя е жизнено важна за всеки, който иска да допринесе с нещо за другите и за света като цяло.

Ние наблюдаваме вашия свят от дълго време. Ние не търсим връзки с човечеството. Ние не сме тук на дипломатическа мисия. Ние бяхме пратени от Невидимите да живеем в близост до Земята, за да наблюдаваме събитията, за които ще говорим.

Нашите имена не са от значение и не означават нищо за вас. И ние не бихме ги разкрили за наша собствена сигурност и защото трябва да останем неразкрити, за да можем да продължим нашата мисия и служба.

В началото искаме да е ясно за всички, че човечеството е пред прага на присъединяването си към Великата Общност на интелигентния живот. Вашият свят е „посещаван" от различни раси, както и от няколко различни организации от различни раси. Това продължава активно от известно време. Имало е такива посетители през цялата човешка история, но никога от такъв магнитут. Развитието и надпреварата с ядрени оръжия, както и унищожаването на околната среда е довело тези сили до вашата планета.

Ние разбираме, че има много хора по света, които започват да разбират какво се случва. Ние разбираме също така, че съществуват много и различни интерпретации на тези визити – за това какво означават те и какво могат да причинят. И много от хората, които съзнават това, таят надежда и очакват то да е свързано с големи ползи за хората. Ние разбираме, че е естествено да имате подобни очаквания и надежди.

Визитите на Земята са много интензивни в днешни дни и много хора от различни части на света имат директни наблюдения и знаят за тях. Каква е причината за тези „посещения" от Великата Общност? Това са различни организации от същества, чиято цел е не да промотират технологично или духовно образование и напредък за хората. Това, което е довело тези многобройни сили във вашия свят са неговите ресурси.

Ние разбирамс, че това може и да е трудно за осмисляне и приемане в началото, защото вие не оценявате колко прекрасен е света в който живеете, колко много природни дадености притежава той и каква рядка скъпоценност е в границите на Великата Общност на безплодни и пусти места. Светове като вашия са наистина голяма рядкост. Повечето населени места във Великата Общност, са вече колонизирани с помощта на технологията. Но светове като вашия, които са еволюирали естествено без помощ на технологията, са много по-рядко срещани, отколкото бихте предположили.

Това разбира се е много добре оценено от заинтересованите раси, а биологични ресурси от Земята са били използувани от няколко раси в продължение на хилядолетия. Вашият свят е оценяван като то скъпоценна съкровищница от някои раси. И така развитието на човешката култура, създаването на разрушителните оръжия и унищожаването на природните ресурси е причината за Интервенцията на същества от други светове.

Вие вероятно се питате защо не са установени дипломатически отношения с лидери на Земята. Това е нормален въпрос, но проблема в този случай е, че няма официални представители на човечеството, защото вие сте разделени и нациите ви са противопоставени една на друга. Това е оценено от тези визитиращи раси, като то войнстваща и агресивна черта, характеризираща човечеството, която би донесла враждебност и негостоприемност във вселената, въпреки добрите качества, които притежавате.

Следователно в нашия доклад ние искаме да ви дадем идея за това което предстои, какво то би означавало за вас и как е свързано с вашето духовно развитие, социалното ви развитие и бъдещето ви на света и във Великата Общност.

Хората дори не подозират за наличието на чуждоземни сили, не подозират за присъствието на търсачите на ресурси, тези, които биха предложили съюз с хората за собствено облагодетелствуване. Може би тук е мястото да споменем за това, какво представлява живота извън вашите предели, защото вие не сте пътували толкова далеч и не сте запознати с тези подробности.

Вие живеете в гъсто населена част от галактиката. Това не е така във всички нейни региони обаче, които включват обширни неизследвани пространства, населени с непознати раси. Търговията и връзките между световете са развити и установени само в някои определени региони. Околната среда и обкръжението, към които вие ще се присъедините, имат много конкуриращ се и състезателен характер. Нуждата от ресурси е повсеместна и много технологични общества са изчерпали природните си ресурси и са принудени да търгуват, заменят и пътуват, за да имат това, от което се нуждаят. Това е доста сложна ситуация. Много съюзи се създават, а това е предпоставка и за много конфликти.

Следователно трябва да разберете, че Великата Общност към която ще се присъедините представлява много сложна, конкурираща се и предизвикателна среда, но въпреки това среда предлагаща огромни възможности и ползи за човечеството. Но за да бъдат те реализирани, хората трябва да бъдат подготвени и да изучават живота във вселената. Също така вие трябва да разбере какво означава духовността за Великата Общност на интелигентния живот.

Ние разбираме, изхождайки от собствената си история, че това е най – сериозната крачка, която всяка цивилизация би осъществила някога. Това обаче не е нещо, което можете да планувате сами, не е нещо, което можете да проектирате за вашето бъдеще. Защото силите, които ще донесат реалността от Великата Общност са вече тук. Обстоятелствата са ги довели и те са тук.

Това би ви дало идея за това, какъв е живота извън пределите на Земята. Не бихме искали да създаваме усещане за страх, но бихме искали да ви дадем знания за вашето собствено добро бъдеще, както и да имате точна и ясна представа и оценка за тези неща.

Нуждата да се подготвите за живота във Великата Общност по наша преценка, е най-належащата нужда за вас в момента. Но, по наши наблюдения хората са заети със собствените си дела и проблеми в живота, нищо неподозиращи за силите, които променят съдбата и бъдещето ви.

Силите и групите, които са тук днес, представляват няколко различни съюза. Тези съюзи не са обединени в своите цели. Всеки съюз представлява няколко различни групи раси, които си сътрудничат с цел осигуряване на достъп до ресурсите на Земята и поддържането на този достъп. Тези съюзи по същество са в съревнование едни с други, въпреки че не са във война помежду си. Те виждат Земята като трофей, нещо, което искат да имат за себе си.

Това е голямо предизвикателство за хората, защото тези извънземни сили притежават не само превъзхождаща технология, но и силно социално единство и са в състояние да въздействат върху съзнанието на Ментално Ниво. Виждате, че във Великата Общност придобиването на технология е лесно деяние и така предимството между съревноваващите се общества дава възможност за въздействие върху мисълта. Това се представя с привлекателни демонстрации и е умение, което хората едва сега започват да откриват.

В резултат на което вашите гости не идват въоръжени със свръх оръжия, армии и кораби. Те идват в относително малки групи, но притежават забележителни умения за въздействие върху хората. Това представлява по-съвършена и зряла форма на сила във Великата Общност. Това са умения, които човечеството трябва да развива в бъдеще, ако желае да се противопоставя успешно на другите раси.

Пришълците са тук, за да спечелят човешката преданост. Те не желаят да унищожат човешкото присъствие и човешките творения. Вместо това те желаят да ги използуват за собствени нужди и ползи. Те искат да използуват, не да рушат. Те вярват, че имат правото да сторят това в ролята на спасители на Земята. Някои от тях дори вярват, че трябва да спасят човечеството от собственото му унищожение. Тази перспектива обаче, не служи на вашите интереси, нито пък насърчава мъдростта или свободата на волята на човешкото семейство.

Въпреки това, понеже във Великата Общност съществуват и добри светове, вие имате съюзници. Ние представляваме гласа на вашите съюзници, Съюзниците на Човечеството. Ние не сме тук да използуваме вашите ресурси или да вземем това, което вие притежавате. Ние не желаем да ви превърнем в доверен свят или колония за нашите собствени нужди. Напротив, ние желаем да поощрим и насърчим силата и мъдростта между хората, защото ние подкрепяме това във Великата Общност.

Нашата роля, както и информацията, която ние представяме е много необходима, защото в момента дори хората, които знаят за иноземното присъствие, не са наясно относно техните планове. Хората не познават техните методи, те не разбират етиката и морала им. Хората мислят, че пришълците са ангели или чудовища. Но по своята същност, те са много сходни с вас относно нуждите си. Ако можете да видите света с техни очи, бихте могли да разберете мотивацията и съзнанието им. За да направите това обаче, вие трябва да сте смели и да дръзнете да го сторите.

Пришълците са ангажирани с четири основни занимания, за да спечелят влияние във вашия свят. Всяко от тези занимания е уникално, но всички те са координирани помежду си. Те са представени, защото човечеството е наблюдавано от дълго време. Човешката мисъл, поведение, физиология, религия са изучавани от доста време. Те са добре изучени и ще бъдат използувани от вашите гости за техните цели.

Първото занимание и активност на пришълците е да въздействат на личности с позиции във властта и управлението. Пришълците не желаят да унищожат света или да навредят на природните ресурси, те търсят да въздействат върху тези, които считат за намиращи се в позиции на власт основно в правителствата и религията. Те търсят контакт само с определени личности. Те имат силата да осъществят тези контакти, както и силата да убеждават. Не всички, с които осъществяват контакт могат да бъдат убедени, но много ще бъдат. Обещанията за огромна мощ, невероятна технология и световна доминация ще заинтригуват и убедят много личности. И тези са хората, с които прищълците ще търсят взаимодействие.

Има много малко хора в правителствата по света, които са били засегнати по този начин, но техния брой непрекъснато расте. Пришълците разбират йерархията на властта, защото те самите живеят в нея, подчинявайки се на собствени йерархични системи. Те са високо организирани и много фокусирани в начинанията си и идеята за култури изпълнени със свободно мислещи личности, е напълно непозната за тях. Те не познават и не разбират индивидуалната свобода. Те са като много от високо технологичните общества във Великата Общност, напълно опериращи и фунциониращи между техните светове и колонии в космоса, служейки на добре организирани и строги форми на организация и управление. Те смятат, че хората са хаотични и неуправляеми и вярват, че помагат за установяването на ред и контрол в ситуация, която самите те не разбират. Личната свобода е непозната за тях и те не могат да оценат значението и. В резултат на това, те се опитват да установят свят, който не толерира тази свобода.

Следователно първоначалното им усилие е да установят връзки с хора на лидерски позиции във властта и да спечелят тяхната зависимост, като ги убедят в ползата от връзките с тях и споделените общи цели.

Вторият аспект на дейност, който между другото е най-трудно разбираем за вас, е манипулацията на религиозните ценности и вярвания. Пришълците добре разбират, че най-големите човешки способности са и най-податливи на въздействие. Човешкият стремеж към индивидуално изкупление е едно от най-важните ценности, които хората могат да предложат, дори на Великата Общност. Това обаче е и вашата слабост. И точно тези ценности и стремежи ще бъдат използвани.

Някои групи от пришълци ще представят себе си като духовни същества, защото те знаят да говорят на Ментално Ниво. Те могат да комуникират с хората директно и за съжаление ситуацията е много сложна, защото има много малко хора на Земята, които могат да направят разлика между духовен и иноземен глас.

Следователно втората област на активност е спечелването на човешката зависимост чрез религиозни и духовни методи. Всъщност това не е толкова трудно, защото хората не са силни и нямат познания за Менталната Среда. Трудно би било за хората да установят откъде идват сигналите и импулсите. Много хора желаят да отдадат себе си на всяко нещо, което според тях има велик глас и велика сила. Вашите гости могат да проектират образи – образи на ваши светци, учители, ангели – образи толкова скъпи и тачени във вашия свят. Те са развили тези способности през вековете в резултат на дългогодишни опити за въздействие едни на други, изучавайки пътищата на убеждение практикувани на много места във Великата Общност. Те ви смятат за примитивни и чувстват, че могат да упражнят тези методи върху вас.

Опитите им ще бъдат насочени към личности, които са в известна степен чувствителни, възприемчиви и надарени с природни дарби. Много хора ще бъдат селектирани, но малко ще бъдат избрани в зависимост от тези натурални дарби. Пришълците ще се опитат да постигнат зависимост върху тези личности, да спечелят доверието им, убеждавайки ги, че са тук с цел повдигане духовноста на хората, с цел осигуряване надежда за хората, да ги благословят и да им вдъхнат сила и мощ – разбира се обещавайки нещо, което хората желаят, но не могат да имат. Може би ще се запитате, „Как може да се осъществи всичко това?" Но можете да сте сигурни че това не е трудно, ако имате необходимите качества и умения.

Усилията са насочени към успокояване и превъзпитание на хората чрез методите на духовното убеждение. Тази „Успокоителна Програма" се използва от различните групи в зависимост от техните идеи и темперамент. Тя винаги е насочена към личности, които могат да я приемат. Надеждата е, че хората ще загубят способността си да разпознават и ще повярват лесно в мощта и силата, чувствайки, че им е дадена от пришълците. Веднъж, когато подчинението е установено е изключително трудно за хората да различат в себе си кое е тяхно и кое им е дадено. Това е изкусна, но много разпространена форма на манипулация и убеждение. Ние ще говорим отново за нея по-нататък.

Нека сега да поговорим и за третата форма на дейност, която е установяване на присъствието на пришълците в света и как хората да свикнат с това. Иноземците желаят хората да се аклиматизират с тази голяма промяна случваща се във вашата среда – да свикнете с физическото присъствие на пришълците, както и с тяхното въздействие върху Менталната ви Среда. За да постигнат това, те ще изградят тайни бази на Земята, които ще имат силно въздействие върху хората живеещи в близост до тях. Пришълците ще отделят много време, за да са сигурни в ефективността на базите си и за да се уверят, че достатъчно хора са спечелили доверието им. Това са хората, които ще бранят и подпомагат присъствието им на Земята.

Това е, което се случва във вашия свят днес. Това е голямо предизвикателство, а за нещастие е и голям риск. Подобни неща, които ние описваме са се случвали много пъти на много различни места във Великата Общност. И присъединяващи се раси като вашата винаги са най-уязвими. Някои от тези раси съумяват да установят собствено съзнание, възможност и кооперация до степен да отхвърлят външното въздействие и да установят присъствие и позиции във Великата Общност. Други за съжаление още преди да извоюват свободата си, падат под контрола и влиянието на външни сили.

Ние разбираме, че тази информация би могла да причини страх, объркване или отричане. Но като наблюдатели ние виждаме, че има личности, които са наясно със ситуацията. Дори и тези личности, които съзнават наличието на външни сили нямат ясна и точна преценка относно ситуацията, в която се намира човечеството днес. И бидейки оптимисти и надявайки се на позитивизъм от страна на тези външни сили, те не виждат и не отчитат ясно този феномен.

Великата Общност е изключително конкурентна и трудна среда. Тези, които осъществяват пътешествия в космоса, не преставляват духовно напредналите раси, защото тези, които са наистина напреднали търсят изолация от Великата Общност. Те не желаят и не търсят възможност да търгуват. Те не се опитват да влияят върху други раси и не желаят да участват в сложните връзки и взаимоотношения установени в Общността. Точно обратното духовно напредналите раси желаят да останат неизвестни. Това е много различно разбиране от вашето, но е много необходимо, за да можете да разберете затрудненото положение, с което скоро ще се сблъскате. Но то от своя страна предлага и големи възможности. Ние бихме искали да ги разкрием пред вас сега.

Въпреки сериозността на положението, което описваме, ние не мислим, че то е трагично за човечеството. Разбира се ако ситуацията се оцени и разбере и ако подготовката за Великата Общност, която съществува на света може да бъде използувана, изучавана и употребена, тогава съзнателни хора от целия свят ще имат възможност да изучават Мъдростта и Знанието на Великата Общност. Оттук хората биха могли да намерят условия за кооперация и съюз за благото на човечеството, никога не осъществени до сега. Защото Великата Общност ще хвърли сянка върху това и този процес вече е започнал.

Вашата еволюция предопределя присъединяването ви към Великата Общност на интелигентния живот. Това ще се случи без значение дали сте готови или не. То трябва да се случи. Подготовката в случая е най-важната. Разбирането и яснотата са двете необходими неща на днешно време за вас.

Хора от различини места по света притежават духовна дарба да виждат и да разбират ясно какво се случва. Точно този дар е необходим сега. Тези хора трябва да бъдат разпознати и използвани свободно по света. Това не е задача само за един духовен учител или светец, който може да извърши всичко това. То трябва да се развива в много хора днес. Ситуацията изисква необходимости и ако тези необходимости бъдат приети, те ще разкрият големи възможности.

Изискванията обаче, за изучаване на Великата Общност и за началото на опознаването на Духовността на Великата Общност са изключителни. Никога до сега не се е налагало на хората да изучват такива неща за толкова кратък период от време. Нещо повече, такива неща почти не са били изучавани от човешки същества до сега. Сега обаче, нуждите са променени. Условията са различни. Сега съществуват различни въздействия във вашата среда, въздействия, които можете да почувствате и узнаете.

Посетителите се опитват да извадят от строя хората и тяхната визия и познание за Мъдростта в тях. Те не я оценяват и не разбират нейната реалност. В този аспект хората са по-напреднали от тях. Но това е само потенциал, който трябва да се развие.

Извънземното присъствие на Земята се увеличава с всеки изминал ден и година. Много хора се чувстват подвластни, загубват своите способности да знаят, чувстват се объркани, разсеяни, вярват в неща, които могат допълнително да ги отслабят и обезсилят пред лицето на тези, които желаят да ги използуват за собствени цели.

Човечеството е възраждаща се раса. То е уязвимо и се изправя пред условия, ситуации и въздействия, пред каквито никога до сега не се е изправяло. До този момент сте се съревновавали помежду си и никога с други форми на интелигентен живот. Но това е надпревара, която ще ви направи по-силни и ще извади на яве вашите най-ценни качества, ако разбира се ситуацията бъде разбрана и оценена правилно.

Задачата на Невидимите е да насърчат и подпомогнат тези силни качества. Невидимите, които вие с право бихте нарекли ангели, които говорят не само на човешките сърца, но и на сърцата на всички разумни и съзнателни същества, които имат свободата да слушат и чуват.

Ние имаме трудно съобщение, но съобщение на обещание и надежда. Между другото това не е съобщение, което хората биха искали да чуят. И естествено не е съобщение, което пришълците биха одобрили. Това е съобщение, което може да се предава от човек на човек и то ще бъде, защото това е естествено. Пришълците и техните поддръжници ще се противопоставят на такова съзнание. Те не желаят да видят независимо човечество. Това не е тяхната цел. Те дори и не мислят, че това е необходимо и положително. Следователно нашето най-искрено желание е всичко това да бъде разгледано без тревога и безпокойство, но със сериозност и загриженост, които са добре описани тук.

Ние разбираме, че на света днес има много хора, които чувстват приближаващата промяна. Невидимите ни казаха за това. Много каузи са посветени на тази промяна и много резултати са предсказани. Докато не разберете , че човечеството се присъединява към Великата Общност на интелигентния живот, вие няма да можете правилно да разберете съдбата на човечеството, както и великата промяна приближаваща света.

От наша гледна точка, хората родени в този момент трябва да помагат и служат на света. Това е учение на Духовността във Великата Общност, учение на което ние сме ученици също така. То учи на свобода и сила на споделената цел. То предоставя на личността, която може да се обедини с другите – идеи, много рядко приети или ратифицирани във Великата Общност, защото Великата Общност не е божествена страна. Това е физическа реалност с цел оцеляване и всичко което тя завещава. Всички същества в тази реалност трябва да се борят с тези проблеми и нужди. И в това вашите пришълци приличат на вас. Те не са неразбираеми. Те ще се опитат да бъдат неразбираеми, но те биха могли да бъдат разбрани. Вие имате способноста да го направите, но трабва да наблюдавате с ясен взор. Вие трябва да наблюдавате с ясна визия и интелигентност, които можете да развиете в себе си.

Ние считаме, че е нужно да поговорим за второто ниво на въздействие и убеждение, защото то е много важно и ние акцентираме върху това да разберете тези неща и да ги осмислите правилно.

Религията на света държи ключа към човешката преданост и вярност, повече от правителствата и от всяка друга институция. Това говори много за хората, защото подобни религии са много голяма рядкост във Великата Общност. Вашият свят е богат в този аспект, но силата ви е там, където е и вашата слабост и уязвимост. Много хора желаят да бъдат ръководени и назначавани от божествени сили, които да носят кръста на живота им и да имат духовна сила, която да ги ръководи , да ги напътства и предпазва. Това е откровено желание, но в рамките на Великата Общност значителна мъдрост трябва да бъде култивирана, за да бъде задоволено това желание. Много е тъжно за нас да наблюдаваме колко наивно и лесно здават своята власт хората - власт, която те никога не са имали напълно, власт, която ще предостъпят на някого, когото дори не познават.

Това съобщение е за хора с духовно влечение. Следователно е нужно да се спрем по-подробно на този субект. Ние защитаваме духовността, която се изучава във Великата Общност, не духовността, която се управлява от нации, правителства или съюзи, но естествената духовност – възможността да знаете, да виждате и да действате. Но на това не се обръща внимание от вашите гости. Те искат хората да вярват, че са част от тяхното семейство, че нашествениците са техния дом, че те са братя и сестри, майки и бащи. Много хора искат да вярват в това и го правят. Хората искат да виждат приятели и спасители в лицето на пришълците и това е което те целят.

Ще се нуждаете от много трезва и обективна оценка, за да можете да отсеете всички тези трудности и заблуди. Човечеството ще трябва да направи това, ако иска успешно да се присъедини към Великата Общност и да запази свободата и независимостта си в среда на огромно влияние и въздействие от външни сили. В тази среда вашия свят може да бъде завзет без оръжие, защото насилието се счита за примитивно и жестоко и не се използува в такива случаи.

Вие може да попитате, „Съществува ли инвазия на Земята?" Ние сме длъжни да отговорим на този въпрос с „да" инвазия от най-фин тип. Ако можете да вникнете в това сериозно, ще можете да го видите. Доказателствата за инвазията са навсякъде. Вие ще видите как човешките способности са засенчени от желание за щастие, мир и сигурност, как човешките способности и визия за знание са възпрепятствани и ограничавани дори в рамките на собствената им култура. Колко по-големи ще бъдат тези въздействия в средата на Великата Общност.

Това е трудно съобщение за вас. Но това е съобщение, което трябва да бъде казано, истина, която трябва да се изрече, истина която е жизненоважна и не може да чака. Много е важно за хората да изучават Знанието, великата Мъдрост и Духовността, за да могат да открият истинските си възможности и да ги използуват ефективно.

Свободата ви е атакувана. Бъдещето на света е застрашено и затова бяхме изпратени тук да говорим от името на Съюзниците на

Човечеството. Те са тези, които пазят свободата и мъдростта във вселената и практикуват Духовността на Великата Общност. Те не обикалят космоса, за да търсят влияние върху други светове. Те не отвличат хората против волята им. Те не отвличат животните и растенията ви. Те не се опитват да въздействат върху правителствата ви. Те не се опитват да се възпроизвеждат с вас, за да установят ново управление. Вашите съюзници не желаят да участват в делата ви. Те не искат да променят и манипулират човешката съдба. Те наблюдават отдалеч и пращат емисари като нас, които с цената на голям риск ви съветват и окуражават, както и изясняват някои неща, ако е необходимо. Ние идваме с мир и носим жизнено важно съобщение.

Сега трябва да поговорим за четвъртата област, в която пришълците желаят да се установят и това е кръстосаното възпроизвеждане. Те не биха могли да живеят във вашата среда. Те се нуждаят от физическата ви издръжливост, както и от естественото ви сходство със Земята. Те също така се нуждаят от репродуктивните ви способности. Желанието им да се свържат с вас е и защото по този начин ще изградят вярност и преданост. По този начин потомството им ще има кръвно родство с вас и в същото време ще бъде предано на пришълците. Това може и да изглежда невероятно, но е напълно възможно.

Пришълците не са тук, за да отнемат репродуктивните ви способности. Те са тук, за да се установят. Те искат хората да им вярват, да им служат и да работят за тях. Те ще обещават, предлагат и правят всичко възможно да постигнат тази си цел. И въпреки, че способностите им да убеждават са невероятни, тяхната численост е малка. Тяхното влияние обаче нараства, а програмата за кръстосано възпроизвеждане, която е в ход от няколко десетилетия вероятно ще бъде успешна. Ще има човешки същества с огромен интелект, които обаче няма да са част от човешкото семейство. Такива неща са възможни и са се случвали вече безброй пъти във Великата Общност. Вие можете да видите примери от вашата история, когато такива кръстоски са се осъществявали и да прецените какво е въздействието им върху културата и расите и колко въздействащи и властни могат да бъдат една на друга.

Така че ние носим сериозни и важни послания. Но вие трябва да проявите сърцатост, защото няма място за колебания. Това не е време за пасивност или прекалена ангажираност със собственото ви щастие. Това е време за принос и съдействие към света, за сплотяване на човечеството и за проявяване на онези човешки способности като: способност за виждане, чуване и действие в хармония едни с други. Тези способности биха могли да отблъснат въздействието, в което е впримчено човечеството, но тези способности трябва да се развиват, увеличават и споделят от всички.

Това е нашият съвет. Той е с добри чувства и намерения. Бъдете благодарни, че имате съюзници във Великата Общност, защото имате нужда от такива. Вие навлизате във велика вселена, изпълнена със сили и въздействия, на които не сте научени как да противодействате. Вие навлизате във великата панорама на живота и трябва да се готвите за нея. Нашите думи са малка част от тази подготовка. Подготовката е пратена на света вече. Тя не идва от нас. Тя е пратена от Създателят на живота. Тя идва в правилното време, защото това е времето, в което човечеството трябва да стане мъдро и силно. Вие сте способни да го осъществите. И събитията и условията на живота ви създават предпоставка това да бъде осъществено.

Предизвикателството за Човешката Свобода

Човечеството наближава опасно и критично време в общото си развитие. Вие сте на границата на присъединяването си към Великата Общност на интелигентния живот. Вие ще срещате различни раси, които ще идват във вашия свят, за да защитят своите интереси и да откриват нови възможности. Те не са ангели или ангелски създания. Те не са духовни същества. Те са същества, идващи във вашия свят за ресурси, за съюзи и за печелене на предимства от присъединяващия се свят. Те не са зли. Те не са свещени. Те са много подобни на вас. Те са подтикнати от своите нужди, асоциации, вярвания и колективни цели.

Това е важно време за човечеството, но хората не са подготвени. Ние виждаме това в голямата панорама на живота. Ние не се намесваме в живота на личностите на света. Ние не се опитваме да убеждаваме правителствата, не желаем да си присвояваме части от света или ресурсите, които се намират там. Ние по-скоро наблюдаваме и желаем да споделим с вас това, което сме видели, защото това е нашата мисия тук.

Невидимите ни уведомиха, че много хора чувстват дискомфорт, чувстват неопределеност, чувстват, че нещо ще се случи и че нещо трябва да бъде сторено. Няма нещо в ежедневните им дела, което да ги подтиква да мислят така, нещо което да доказва важността на тези чувства или което да им дава повод за това. Ние разбираме това, защото сме преживявали подобни неща в нашата история. Ние представляваме няколко раси, които подкрепят зараждането на Знанието и Мъдростта във вселената и по-специално на раси, които се присъединяват към Великата Общност. Тези раси са изключително податливи и уязвими в погрешното разбиране на ситуацията в която се намират и това е естествено, защото как биха могли да разберат значението и сложността на живота във Великата Общност? Ето затова, ние желаем да отдадем нашата роля за подготовката и обучението на човечеството.

В първия си брифинг, ние дадохме общо изложение на ангажираността на пришълците в четири области. Първата област на въздействие е върху важни хора на ръководни места в правителствата и в религиозните институции. Втората област на въздействие е върху хора, които имат духовна наклонност и които желаят да се отворят към големите сили във вселената. Третата област на въздействие е изграждането на бази на света от пришълците на стратегически места, близо до населени центрове, където тяхното въздействие върху Мисловната Среда може да бъде упражнявано в най-голяма степен. И последно, ние говорихме за тяхната програма за кръстосване с хората, програма която е в ход от известно време.

Ние осъзнаваме колко разочароващи и негативни могат да бъдат нашите съобщения за някои хора, които имат големи очаквания и надежди от извънземните. Това са надежди за благословия и големи ползи за човечеството. Може би е естествено да храните такива очаквания, но Великата Общност, към която се присъединява човечеството е трудна и съревнователна среда, специално в райони от вселената, където множество раси са в надпревара помежду си и си взаимодействат с търговски и икономически цели. Вашият свят се намира в такава зона. Това може би изглежда невероятно за вас, защото си мислите, че живеете в изолиран район, сами в пустия космос. Но в действителност, вие живеете в населена част от вселената, където търговията и икономическите отношения са добре установени и където традициите, връзките и отношенията са дългогодишни. И за ваше успокоение, вие живеете в много красив свят – свят с изключително биологично разнообразие, прекрасно място в сравнение с много други неприветливи и пустеещи светове.

Това обаче ви носи големи рискове и неприятности, защото вие притежавате неща, които много други желаят за себе си. Те не желаят да ви унищожат, а да спечелят вашата преданост и съюз и по този начин вашето съществуване и вашите дейности на този свят да бъдат в тяхна полза. Вие се приближавате към добре обмислени и сложни събития. Пред прага на тези обстоятелства, вие не можете да бъдете като малки деца, надяващи се и вярващи в благосклонността на тези, с които ще се срещате занапред. Вие трябва да помъдреете и да станете прозорливи като нас, ние, които трябваше да станем мъдри и прозорливи, преминавайки през трудни изпитания и рисковани времена в нашата история. Сега, човечеството трябва да учи за тези пътища във Великата Общност, за сложността на взаимоотношенията между расите, за сложността на търговията и за ловките манипулации на съюзите и асоциациите, които съществуват между световете. Това е трудно, но и важно време за хората, много обещаващо време, ако истинска подготовка бъде осъществена.

В нашето второ изложение, бихме искали да говорим по-детайлно за интервенцията в човешките взаимоотношения от няколко групи пришълци, какво би означавало това за вас и какво би могло да изизква то. Ние не сме тук, за да ви плашим, а за да провокираме вашето чувство на отговорност, да събудим съзнанието ви и да окуражим подготовката ви за живота, към който се присъединявате, велик живот, но също така и живот с големи проблеми и предизвикателства.

Ние сме пратени тук чрез духовната сила и присъствието на Невидимите. Между другото, вие си ги представяте като ангели, но във Великата Общност тяхната роля е далеч по-всеобхватна, техните връзки и взаимоотношения са много по-дълбоки и проникващи. Духовната им сила е тук, за да благослови съзнателните същества от всички светове навсякъде и да съдейства за развитието на дълбокото Знание и Мъдростта, които ще направят възможни мирните връзки, както между световете, така и в отделните светове. Ние сме тук в тяхна полза. Те ни казаха да дойдем. И те ни дадоха повечето от информацията, която имаме и която не бихме могли да си набавим сами. От тях научихме много неща за вас. Научихме много неща за вашите способности, за силните и слабите ви страни и за голямата ви уязвимост. Ние разбираме тези неща, защото световете от които идваме са преминали през такъв процес на присъединяване към Великата Общност. Ние научихме много и изстрадахме много, заради собствените си грешки, грешки, които се надяваме хората да избегнат.

Ние идваме не само с нашия опит, но и с дълбоко съзнание и чувство на цел, което ни е дадено от Невидимите. Ние наблюдаваме вашия свят отблизо и следим комуникацията на тези, които ви наблюдават. Ние знаем кои са те. Ние знаем откъде са и защо са дошли. Ние не се съревноваваме с тях, защото не сме тук да се надпреварваме с тях и да изследваме света. Ние се смятаме за Съюзници на Човечеството и се надяваме с течение на времето да ни приемете за такива, защото ние наистина сме такива. И понеже не можем да докажем това, ние се надяваме да го демонстрираме чрез думите си и чрез мъдростта на нашия съвет. Ние се надяваме да ви подготвим за това, което идва в бъдещето. Ние идваме с нашата мисия, която не търпи отлагане, защото човечеството е изостанало в подготовката си за Великата Общност. Многобройните ни предишни опити за контакт с хората с цел да ви подготвим за бъдещето, не се увенчаха с успех. Такива контакти са били осъществени преди десетки години с много малко на брой човешки същества и както разбрахме, тези контакти са били погрешно изтълкувани и използувани от други с различни цели.

Следователно ние бяхме изпратени от тези, които са идвали тук преди нас, за да предложат помощта си на хората. Ние работим заедно за тази кауза. Ние не сме голяма военна сила, а по-скоро таен и свещен съюз. Ние не желаем да виждаме неща, случващи се във Великата Общност, да бъдат извършвани тук във вашия свят.

Ние не желаем човечеството да изгуби свободата и самопределеността си. Рискът за това е огромен. Ето защо, ние ви окуражаваме да приемете и да осмислите дълбоко нашите думи, без страх, ако е възможно и с дълбоко убеждение и решителност, които ние знаем, че съществуват в човешките сърца. Всеки ден се осъществява ускорена дейност за проникване в сферите на влияние върху човешката раса от страна на тези, които са тук на Земята с тяхна собствена цел. Те чувстват, че са тук, за да спасят света от човечеството. Някои от тях дори вярват, че са тук, за да спасят човечеството от самото себе си. Те смятат, че са в правото си да сторят това и не считат, че действията им са неетични и неуместни. Съгласно тяхната етика, те правят това което е нужно, естествено и важно. Но за всички същества, които обичат и тачат свободата, тези действия не могат да бъдат оправдани.

Ние наблюдаваме разрастващите се действия на пришълците. Техният брой тук се увеличава с всяка изминала година. Те пристигат отдалеч. Те носят с тях продоволствия. Те задълбочават и усложняват действията си. Те изграждат комуникационни станции на много места във вашата слънчева система. Те следят опитите ви в космоса и ще се противопоставят и разрушат всичко, което пречи на тяхната дейност. Те желаят да установят контрол не само над вашия свят, но и в областта наоколо. Това е така, защото те са съревноваващи се сили. Всяка от тях представлява съюз от няколко раси.

Нека изложим последната от четирите области, за които стана дума в първия ни документ. Това е програмата на пришълците за кръстосване с хора. Нека ви дадем малко исторически факти в началото. Преди много хиляди години ваше време няколко раси са дошли тук, за да се кръстосат с човешки същества и да допринесат за интелектуалното и адаптивно развитие на хората. Това е довело до ускореното развитие на това, което вие наричате „ Модерен Човек" и ви е дало господство и сила във вашия свят. Това се е случило преди много, много време.

Сегашната програма за кръстоска обаче, е нещо коренно различно. Тя се извършва от същества от различни съюзи. Чрез кръстосване с вас, те се опитват да създадат човешко същество, което да бъде част от техния съюз, което да е добре адаптирано и да има естествен афинитет към този свят. Пришълците не могат да живеят на повърхността на Земята. Те търсят подслон или под повърхността на земята или живеят на своите кораби, които укриват в моретата и океаните. Те желаят да се кръстосат с хората, за да защитят своите интереси тук, които са свързани най-вече с ресурсите на Земята. Те искат да са сигурни в предаността на хората и са стартирали тази програма за кръстосване от няколко поколения и тя се разраства неимоверно за последните двадесет години.

Тяхната цел е двойна. Първо, те както споменахме желаят да създадат същество наподобяващо човек, което да може да живее на този свят, същество с големи способности, което да е свързано с тях. Втората цел на програмата е да се въздейства на всеки с когото се срещат и да окуражат хората да им помагат в техните начинания. Пришълците желаят и се нуждаят от помощта на хората. Това развива тяхната програма във всяко отношение. Те ви намират за ценни. Те обаче, не ви имат за равни на тях или за подобни на тях. Вие сте само полезни за тях и това е точната дума. Така че, върху тези, с които ще се срещнат и тези, които ще вземат с тях, пришълците ще се опитат да породят чувство на превъзходство относно техните ценности, полезността и забележителността на техните начинания в света. Пришълците ще говорят на всички, с които имат контакт, че са тук за добро и ще убеждават тези, които са взели с тях да не се страхуват. А с тези, които са добре настроени с тях, ще се опитат да установят съюзи – споделено чувство за цел, дори споделено чувство за самоличност и семейство, за наследство и съдба.

В програмата си, пришълците са изучавали човешката физиология и психология много целенасочено и ще се опитат да извлекат полза от това, което хората желаят и по-специално от тези неща за които хората копнеят, но не са имали възможност да притежават, като мир и ред, красота и спокойствие. Тези неща ще бъдат предложени и някои хора ще повярват. Другите ще бъдат използувани както и когато е нужно.

Необходимо е да разберете, че пришълците вярват, че тези действия са напълно приемливи за спасението на света. Те си мислят, че правят голяма услуга на хората и са напълно отдадени на своите домогвания и убеждения. За нещастие, това представлява реалността във Великата Общност – където истинската Мъдрост и Знание са рядкост както във вселената, така и във вашия свят. Естествено е за вас, да се надявате и да очаквате, че другите раси са надживели непочтеността, егоистични подбуди, съревнованието и конфликта. Но уви, това не е така. Напредналата технология не увеличава мисловната и духовна сила на личностите.

Днес много хора постоянно са отвличани против тяхната воля. Затова защото хората се много суеверни и отхвърлят неща, които не разбират, тези действия се извършват със забележителен успех. Дори сега, съществуват хибридни същества, полу-хора, полу- извънземни разхождащи се във вашия свят. Те не са много на брой, но броя им ще расте в бъдещето. Между другото, някой ден и вие ще срещнете някои от тях. Те ще изглеждат като вас, но ще бъдат различни. Вие ще ги вземете за човешки същества, но нещо съществено ще им липсва, нещо което се цени във вашия свят. Възможно е те да бъдат различавани и идентифицирани, но за да можете да сторите това, трябва да напреднете в Мисловната Среда и да учите Знанието и Мъдростта във Великата Общност.

Ние знаем, че изучаването на тези неща е от огромно значение, защото виждаме какво се случва във вашия свят и Невидимите ни съветват за нещата, които ние не можем да видим и до които нямаме достъп. Ние разбираме тези неща, защото те са се случвали безброй пъти във Великата Общност, като въздействието и убеждението са използувани върху расите, които са или много слаби или прекалено уязвими, за да реагират ефективно.

Ние се надявамс и вярваме, че никой от вас, който чуе това съобщение няма да мисли, че тези безпокойства в човешкия живот са положителни. Тези, които се били афектирани, ще бъдат повлияни да мислят, че тези срещи са благоприятни, както за тях, така и за света. Духовните домогвания на хората, тяхното желание за мир и хармония, семейство и обединение ще бъдат ухажвани от пришълците. Тези неща, които представляват нещо специално за хората, без Мъдрост и подготовка, са белег на голямата ви уязвимост.

Само тези от вас, които са силни със Знанието и Мъдростта могат да видят измамата, наложена върху хората. Само те могат да се защитят срещу въздействието, което се извършва в Менталната Среда на толкова много места по света. Само те ще видят и ще знаят за това.

Нашите думи няма да бъдат достатъчни. Хората трябва да учат и да знаят. Ние можем само да окуражаваме това. Идването ни тук във вашия свят е в съответствие с Духовните учения във Великата Общност, защото подготовката е тук и сега и ние можем да бъдем вашите окуражаващи съюзници. Ако подготовката не беше тук, ние щяхме да сме на ясно, че нашите съвети и напътствия няма да са достатъчни и няма да са успешни. Създателят и Невидимите желаят да подготвят човечеството за Великата Общност. На практика, това е най-неотложната нужда за хората в този момент.

Следователно ние ви насърчаваме да не вярвате, че отвличането на мъже, жени и деца е положително нещо за човечеството. Ние акцентираме върху това. Вашата свобода е скъпоценна. Вашата индивидуална свобода и свободата ви като раса са скъпоценни. На нас ни беше нужно много дълго време, за да възстановим нашата свобода. Ние не желаем да виждаме как вие губите вашата.

Програмата за кръстосване в света ще продължи. Единственият начин за нейното прекратяване е ако хората станат съзнателни, вътрешно уверени и цялостни. Само това ще прекрати тези безпокойства. Само това ще разкрие измамата. Трудно е да си представим, какво са изпитали тези хора, които са били подложени на тези процедури, на тези нови учения и въздействия. За нас това изглежда отблъскващо и неприемливо, но ние знаем, че тези неща съществуват във Великата Общност от както свят светува.

Между другото, нашите слова ще предизвикат много и много въпроси. Това е естествено и нормално, но ние не можем да отговорим на всичките ви въпроси. Вие трябва да разберете и да си отговорите сами. Вие обаче не можете да сторите това, без подготовка и без ориентация. В настоящия момент, човечеството, доколкото разбираме, не може да различи демонстрация от Великата Общност от духовно проявление. Това е трудна ситуация, защото пришълците могат да прожектират образи, те могат да говорят на хората на Ментално Ниво и гласовете им могат да се получават и предават чрез хората. Те могат да въздействат по този начин, защото хората още не са развили и нямат тези умения и тази прозорливост.

Човечеството е разединено. То е разделено на части. То е в спор със себе си. Това ви прави изключително уязвими за външно въздействие и манипулация. Пришълците са разбрали, че духовните ви търсения и желания ви правят изключително уязвими и това е много благоприятно за техните дела тук. Колко е трудно да сте обективни за тези неща. Дори там откъдето сме ние, това е голямо предизвикателство. Но тези, които желаят да останат свободни и да са самоопределящи се във Великата Общност, трябва да развиват тези умения и трябва да опазят своите ресурси, за да избягнат търсенето и набавянето им от други. Ако вашия свят загуби своята самостоятелност, той ще загуби своята свобода. Ако трябва да отидете отвъд вашия свят, за да търсите ресурси необходими за живота си, ще загубите вашата свобода. Ресурсите във вашия свят намаляват бързо и това е много обезпокоително за нас. Това е грижа и за пришълците, защото те ще се опитат да предотвратят унищожението на природната среда, не заради вас, а заради тях.

Програмата за кръстосване има само една цел, а именно да позволи на пришълците да установят присъствие и въздействие във вашия свят. Не си мислете, че пришълците се нуждаят от нещо друго, освен от вашите ресурси. Не си мислете, че те се нуждаят от вашето милосърдие. Те се нуждаят от вашето милосърдие само, за да си осигурят позиция на света. Не се ласкайте. Не си позволявайте да мислите така. Те не гарантират нищо. Ако се научите да виждате нещата в тяхната същност, ще знаете и ще видите това сами. Тогава ще разберете защо сме тук и защо човечеството се нуждае от съюзници от Великата Общност на интелигентния живот. И тогава ще разберете необходимостта от изучаването на великото Знание, великата Мъдрост и Духовността на Великата Общност.

Вие се присъединявате към среда в която тези неща са определящи за успеха, за свободата, за щастието и силата. Вие ще се нуждаете от великото Знание и Мъдростта, за да установите себе си като независима раса във Великата Общност. Но вие губите вашата независимост с всеки изминал ден. И въпреки, че може би не виждате как губите свободата си, вие сигурно го чувствате по някакъв начин. Как бихте могли да видите? Вие не можете да напуснете света и да погледнете какво се случва наоколо. Вие нямате достъп до политическите и търговски обединения на извънземните, които са във вашия свят, за да разберете тяхната сложност, тяхната етика и техните ценности.

Никога не си помисляйте, че раса, която пътува във вселената с търговска цел е духовно напреднала. Тези, които осъществяват търговия, търсят предимство. Тези, които пътуват от свят към свят, тези, които търсят ресурси, тези, които желаят да победят, не са духовно напреднали. Ние не ги считаме за духовно напреднали. Съществува световна и духовна сила. Вие можете да разберете различията между тях и сега е нужно да видите тези разлики в по-широк контекст.

Ние дойдохме с чувство на отдаденост и подкрепа за вас, за да запазите свободата си, да станете по-силни и проницателни и да не се поддавате на убеждения или обещания за мир, сила и съюз с тези, които не познавате. И не се поддавайте на спокойни мисли, че всичко ще се нареди по най-добрия начин за човечеството и за вас лично, защото това не е Мъдрост. Защото Мъдрите навсякъде трябва да се учат да виждат реалността на живота наоколо и да се учат да преговарят с живота по благоприятен за тях начин.

Следователно приемете нашата помощ. Ние би трябвало да ви говорим отново за тези неща и да илюстрираме важността на това да сте проницателни и прозорливи. И ние ще говорим повече за участието на пришълците на света в области, които са много важни за вас да разберете. Ние се надяваме, че ще получите нашите слова.

Спешно Предупреждение

Ние сме нетърпеливи да говорим с вас относно делата във вашия свят и да ви помогнем да видите, ако е възможно това, което ние виждаме от наша гледна точка. Ние разбираме, че е трудно да получите това и то ще предизвика голяма тревога и безпокойство, но независимо от всичко, вие трябва да сте информирани.

Ситуацията е много сериозна от наша гледна точка и ние мислим, че ще бъде голямо нещастие, ако хората не са информирани точно. Съществува толкова много заблуда в света в който живеете и в много други светове, че истината макар и очевидна, е неразбрана и нейните знаци и съобщения остават неразкрити. Ние обаче се надяваме, че нашето присъствие може да помогне за изясняване на картината и да помогне на вас и на други като вас да видят това, което е очевидно. Ние нямаме тези проблеми с нашите възприятия, защото бяхме пратени да бъдем свидетели на тези неща, които ви описваме.

С течение на времето, вие сами ще разберете тези неща, но нямате толкова време. Времето ви е доста ограничено. Подготовката на човечеството за появата на сили от Великата Общност е изключително закъсняла. Много важни хора не са откликнали. И натрапването на света се е развило с много по-бързи темпове, отколкото първоначалния замисъл.

Ние разполагаме с много малко време, но въпреки това дойдохме, за да ви насърчим, като ви споделим тази информация. Както отбелязахме в предишните си съобщения, светът е инфилтриран и Менталната Среда е установена и подготвена. Стремежът не е унищожение на човечеството, а използуването на хората като работници за великите "колективи". Институциите на света и естествено околната среда са оценени и те ще бъдат опазени от пришълците за тяхна полза. Пришълците не могат да съществуват тук и за да спечелят вашата преданост ще използуват много от прийомите, които ние описахме вече. Ние ще продължим да описваме и изясняваме тези неща.

Пристигането ни тук беше осуетено от различни фактори и не на последно място от липсата на готовност от страна на тези, с които директно трябваше да се свържем. Нашият говорител, авторът на тази книга е единственият, с когото можахме да установим солиден контакт. Има и няколко други личности, които имат обещаващ потенциал, но ние трябва да дадем на нашия говорител основната информация.

От вашите посетители научихме, че САЩ са считани за световен лидер и затова най-голямата надежда и емфазис ще бъде там. С другите важни нации, също ще бъде осъществен контакт, защото и те са считани за сили, а силата е разбрана от пришълците, защото те следват упражняването на силата без въпроси, дори по-силно отколкото е познато във вашия свят.

Ще бъдат осъществени опити за убеждаване на лидерите на най-силните нации да приемат присъствието на пришълците и да получат подаръци и стимули за кооперация с обещания за взаимна изгода и дори обещания за световно господство за някои. Това ще бъдат хора в коридорите на властта в света, които ще отговорят на тези стимулации, защото ще си мислят, че това е огромна възможност за управление на света и отделни региони по нов начин за своя цел и изгода. Тези лидери обаче са мамени, защото няма да им се предостави това, което им се обещава. Те ще бъдат само арбитри при смяната на властта.

Вие трябва да проумеете това. То не е толкова сложно. Според нас, то е очевидно. Ние сме виждали подобни неща да се случват навсякъде. Това е един от начините чрез които организациите на раси разполагащи със свои колективи, вербуват нови и присъединяващи се светове като вашия. Те твърдо вярват, че техния план е добродетелен и е за доброто на вашия свят, защото хората не са уважавани и въпреки, че имате някои добродетели, вашите отговорности далеч превишават потенциала ви, от тяхна гледна точка. Ние не споделяме този възглед, в противен случай нямаше да сме в сегашната ситуация и нямаше да ви предлагаме услугите си, като Съюзници на Човечеството.

Следователно голямата трудност и голямото предизвикателство сега е заблуждението и измамата. Предизвикателството е хората да разберат кои са истинските им съюзници и да могат да ги различат от потенциалните си неприятели. Неутрални страни не съществуват в този случай. Светът е прекалено ценен, неговите ресурси са явни и уникални. Няма неутрални страни, които са включени в човешките дела. Истинската природа на извънземната Интервенция е осъществяване на влияние, контрол и евентуално установяване на суверена власт тук. Ние не сме пришълците. Ние сме наблюдатели. Ние нямаме претенции за вашия свят и нямаме план за установяване тук. Затова и нашите имена са тайни, защото ние не търсим връзки извън възможността си да осигурим съвет за вас. Ние не можем да повлияем на изхода. Ние можем само да ви съветваме за решенията и за избора, който вашите хора трябва да направят в името на тези важни събития.

Човечеството има обещаващо бъдеще и е култивирало богато духовно наследство, но не е запознато с Великата Общност към която се присъединява. Човечеството е разединено и е в спор със себе си, а това го прави уязвимо за манипулация и натрапване отвъд вашите граници. Хората са прекалено ангажирани с ежедневните си дела, но не забелязват реалността на утрешния ден. Какво можете да спечелите, като игнорирате големите движения в света и като предполагате, че случващата се днес Интервенция е за ваше добро? Разбира се, никой не може да каже това със сигурност, но някои от вас виждат реалността на ситуацията.

По някакъв начин това е въпрос на перспектива. Ние можем да видим, а вие не, защото вие нямате отправна точка. Вие трябва да сте отвъд вашия свят, извън сферата на неговото въздействие, за да можете да видите това, което виждаме ние. Въпреки това, ние трябва да останем скрити в сянка, защото ако ни разкрият, ние със сигурност ще загинем. Пришълците няма да се спрат пред нищо, защото те придават на своята мисия тук изключително значение и оценяват Земята като най-важната си мисия измежду няколко други. Така че, вие трябва да оцените и отстоявате собствената си свобода. Ние не можем да сторим това за вас.

Всеки свят, ако желае да установи своя обединеност, свобода и себеопределение във Великата Общност, трябва да установи тази свобода и да я отстоява ако е необходимо. В противен случай, господството със сигурност ще настъпи и ще бъде пълно.

Каква е причината вашите „гости" да желаят този свят? Това е толкова очевидно. Не вие сте интересните за тях. Това са биологичните ресурси на този свят. Това е стратегическата му позиция в тази слънчева система. Вие сте полезни за тях само дотолкова, доколкото чрез вас и с ваша помощ те могат да осъществят своите цели. Те ще ви предложат това, от което се нуждаете и ще ви говорят това, което искате да чуете. Те ще ви съблазняват и ще използуват религиите и религиозните ви идеали, за да подхранват доверие и вяра, че те повече от вас разбират, нуждите на вашия свят и ще могат да служат на тези нужди и да установят спокойствие и ред тук. Човечеството изглежда неспособно да установи ред и обединеност и затова много хора ще отворят съзнанието и сърцата си към тези, за които вярват, че могат да го сторят.

Във второто ни изявление, ние споменахме за програмата за кръстосване. Някои от вас са чули за този феномен и ние знаем, че това е породило дискусии. Невидимите ни уведомиха, че има нарастващо съзнание за това, но колкото и невероятно да е, хората не виждат очевидната намеса в техните предпочитания и са много слабо подготвени да се борят с Интервенцията. Ясно е, че програмата за кръстосване е опит за сливане на човешката адаптивност към физическия свят с груповото и колективно съзнание на пришълците. Такова поколение ще има перфектната възможност да осигури ново лидерство за човечеството, лидерство породено от намеренията и кампанията на пришълците. Тези индивиди ще притежават кръвна връзка със света и с вас. И въпреки това, тяхното съзнание и техните сърца няма да са с вас. И въпреки, че те може и да изпитват симпатия към вас относно вашето положение и затова как може да се промени ситуацията в която се намирате, те няма да могат да вземат самостоятелни решения, нито пък ще бъдат обучавани в Пътят към Знанието, за да ви помагат или да се противопоставят на съзнанието на колективите, които са им дали живот и са ги отгледали.

Вие виждате, че индивидуалната свобода не се цени от пришълците. Те смятат това за неразумно и неотговорно. Те разбират само тяхното колективно съзнание, което намират за привилегия и благословия. И те не могат да почувстват истинската духовност, която се нарича Знанието на вселената, защото Знанието е родено от индивидуалното откритие на личността и се разпространява чрез връзки от високо ниво. Нито едно от тези неща не е представено в обществото на пришълците. Те не могат да мислят самостоятелно. Тяхната воля не е самостоятелна. И затова естествено, те не могат да уважават перспективата за развитие на тези два феномена във вашия свят и не са в състояние да поощряват тези неща. Те търсят само подчинение, съгласие и преданост. И духовните учения, които те ще насърчават в света, ще служат на хората да се оплакват и негодуват, отворени и неподозиращи, да хранят доверие, което никога не е спечелено.

Ние сме виждали тези неща вече и на много други места. Ние сме виждали цели светове да падат под абсолютния контрол на колективите. Съществуват много колективи във вселената. Защото тези колективи оперират в междузвездната търговия и се простират в обширни региони, те спазват стриктно съгласие без отклонение. Между тях няма индивидуалност, най-малкото по начин, по който вие бихте го разпознали.

Не сме сигурни дали във вашия свят има подобни примери, но ни беше казано, че съществуват търговски интереси, които обхващат културите във вашия свят, които притежават огромна власт, а всъщност са управлявани от малцинство. Това между другото се доближава до това, което ви обясняваме. И въпреки това, тук става въпрос за нещо много по-огромно, по-проникващо и по-добре установено, отколкото нещо подобно съществува в този свят.

Истината е, че страхът навсякъде в интелигентния живот, е разрушителна сила. Ако обаче се използува по предназначение, страхът има само една роля, да ви уведоми за приближаващата опасност. Ние сме загрижени, че това е естеството на вашия страх. Ние разбираме кое е в риск. Това е естеството на загрижеността ни. Вие се страхувате, защото не знаете какво приближава, затова този страх е разрушаващ. Този страх не ви дава възможност или не ви дава усещане, че трябва да разберете какво се появява във вашия свят. Ако можете да бъдете информирани, тогава страхът се трансформира в загриженост и загрижеността се трансформира в конструктивни действия. Ние можем да обясним това по друг начин.

Програмата за кръстосване е много успешна. Същества, създадени от съзнанието на пришълците и усилията на колективите вече живеят на Земята. Те не могат да стоят тук дълго време, но след няколко години, те ще могат да пребивават на повърхността на Земята постоянно. Генетичната им прилика с вас ще бъде изключително голяма и те ще се различават от вас по-скоро в своите маниери и присъствие, а това ще бъде много трудно различимо за вас. Те обаче ще притежават огромни мисловни и психически способности. И това ще им даде предимство, което вие бихте могли да неутрализирате само, ако изучавате Пътят на Интуицията.

Такава е реалността към която се присъединявате – вселена изпълнена с чудеса и ужас, вселена на въздействие, вселена на съревнование, но също така и вселена изпълнена с благоволение точно както и вашия свят, но в огромни мащаби. Раят, който търсите не е там. Но силите, с които трябва да си съперничите са там. Това е най-великия момент за вашата раса. Всеки от нашата група се е сблъсквал с тези неща в своите светове и много пъти неуспехите са превишавали успехите. Расите, които могат да опазят свободата и изолацията си трябва да бъдат силни и обединени и вероятно ще успеят да отхвърлят взаимодействията с Великата Общност, а по този начин и ще успеят да опазят свободата си.

Ако мислите за тези неща, вие ще забележите изводите във вашия свят. Ние научихме много неща от Невидимите, засягащи духовното ви развитие и обещаващото ви състояние, но те също така ни предупредиха, че духовните ви склонности и идеи са били изключително манипулирани в днешно време. Представени са съвременни учения, които обучават хората на съгласие и примирение, лишават ги от важни качества и ги подтикват да ценят само това, което е удобно и приятно. Тези учения са ви давани, за да извадят от строя способността на хората да имат достъп до Знанието в себе си до положение, в което те стават напълно зависими от сили, които не разбират. В това състояние, те ще следват и ще вършат всичко, което им се нареди и дори да чувстват, че нещо не е както трябва, няма да имат сили да му се противопоставят.

Човечеството е живяло дълго време в изолация. Между другото, съществува вярване, че Интервенцията не може да се осъществи и че всяка личност има правото върху своето съзнание и своите мисли. Но това са само предположения. Ние обаче научихме, че Мъдрите на Земята са се научили да отхвърлят тези предположения, станали са по-силни и са установили своя собствена Мисловна Среда.

Ние се страхуваме, че нашите думи идват прекалено късно и ще имат минимален ефект, а също и че този, който сме избрали да ги получи, има много незначителна подкрепа, за да разпространи тази информация. Той ще се сблъска с липсата на вяра и с подигравки, защото няма да му повярват и това, което ще говори ще бъде в несъответствие на това, което мнозинството ще вярва. Тези които ще попаднат по въздействието на пришълците, естествено ще му се противопоставят, защото няма да имат друг избор.

В тези тежки времена, Създателят на живота е пратил подготовка, учение за духовните способности и прозорливост, за силата и реализацията. Ние също сме ученици на такова учение, както и

много други във вселената. Това учение е форма на Божествена на-
меса. То не принадлежи на нито един свят. То не е собственост на
нито една раса. То не се отнася до някакъв герой или героиня, или
някаква личност. Такава подготовка е възможна сега. Тя ще е нуж-
на. От наша гледна точка, това е единственото нещо, което в този
момент може да даде възможност на човечеството да стане по-мъд-
ро и по-прозорливо по отношение на новия си живот във Великата
Общност.

Както е известно от вашата история първите, които достигат
до нови територии са откривателите и завоевателите. Те не идват
с безкористна цел. Те идват да търсят сила, ресурси и суверенна
власт. Това е същността на живота. Ако човечеството притежаваше
опит в делата на Великата Общност, то би могло да се противопо-
стави на всяко посещение във вашия свят, ако споделени взаимо-
отношения не са установени предварително. Вие бихте знаели до-
статъчно, за да не позволите на вашия свят да бъде толкова уязвим.

В настоящия момент, няколко колективи се съревновават по-
между си за надмощие на Земята. Това поставя човечеството в мно-
го необикновена и в същото време, в много поучителна ситуация.
Ето затова, съобщенията на пришълците често ще изглеждат про-
тиворечиви. Съществуват конфликти между тях, но те ще прегова-
рят едни с други, ако е налице обща полза. Те обаче, продължават
да се съревновават помежду си, защото за тях това е нова терито-
рия. За тях вие сте ценни, само защото сте полезни. Ако не сте по-
лезни, вие ще бъдете изоставени.

Това е голямото предизвикателство за хората от вашия свят и
по-специално за тези, които са в позиции на власт и отговорност да

разпознаят различите между духовно присъствие и визита от Великата Общност. Но как да имате отправна точка, за да можете да направите тази разлика? Откъде да научите за тези неща? Кой във вашия свят може да обучава за реалността във Великата Общност? Само учение отвъд може да ви подготви за живот отвъд този свят и живота отвъд този свят е тук и сега, търсейки да установи себе си тук, търсейки да разшири своето влияние и въздействие, търсейки да спечели съзнанията, сърцата и душите на хората навсякъде. Толкова е просто и в същото време е толкова унищожително.

Следователно нашите съобщения трябва да ви предупредят, но само предупреждението няма да бъде достатъчно. Вашите хора трябва да разпознаят какво се случва в света. Достатъчен брой хора трябва да разберат за реалността, с която се сблъсквате сега. Това е най-великия момент в човешката история – най-голямата заплаха за човешката свобода и най-голямата възможност за човешка кооперация и обединение. Ние разбираме тези предимства и възможности, но с всеки изминал ден, шансовете ви намаляват – като все повече и повече хора биват пленявани и тяхното съзнание бива обработено и преустроено, като все повече и повече хора учат духовните учения, които са рекламирани от пришълците и все повече хора стават примирени и по-малко различаващи.

Ние дойдохме, откликвайки на молбата на Невидимите, за да служим като наблюдатели. Ако сме успешни, ние ще продължим да бъдем близо до вашия свят, толкова дълго, колкото е необходимо и ще продължим да ви даваме тази информация. След това ще се завърнем по родните си места. Ако се провалим, ако събитията се обърнат срещу вас, ако тъмнината обгърне вашия свят, тъмнината на външното господство, тогава ще се наложи да отпътуваме и няма да изпълним своята мисия. И в двата случая, ние не можем да останем с вас, въпреки, че ако имате желание, ние ще стоим докато сте осигурени, докато можете да продължите сами напред. Това включва и условието да сте самоосигуряващи се. Ако сте доверчиви и приемете търговията с други раси, това ще създаде много голям риск от манипулация отвъд, защото човечеството не е достатъчно силно, за да отстои на силата на Мисловната Среда, която може да бъде проявена и е проявена вече тук.

Пришълците ще се опитат да създадат впечатление за „съюзниците на човечетвото". Те ще говорят, че са дошли, за да спасят човечеството от самото себе си, че само те могат да предложат надежда, която хората не могат да си осигурят сами, че само те могат да установят истински ред и хармония на света. Но този ред и хармония ще бъдат техни, не ваши. И свободата, която те обещават няма да бъде ваша, за да и се радвате.

Манипулация на Религиозните Традиции и Вярвания

За да можете да разберете действията на извънземните пришълци във вашия свят днес, ние трябва да ви предоставим повече информация, засягаща тяхното въздействие върху световните религиозни институции и ценности и върху основните духовни импулси, които са част от вашата природа и които в много аспекти се срещат и в други интелигентни същества в много райони на Великата Общност.

Би трябвало да започнем с това, че действията, които пришълците вършат на света днес, са били осъществявани много пъти в миналото на различни места с различни култури във Великата Общност. Пришълците във вашия свят не са авторите на тези дейности, а само ги осъществяват по тяхно усмотрение, осъзнават ги напълно и са ги използували в миналото.

Важно е за вас да разберете, че тези умения на въздействие и манипулация са изключително добре развити във Великата Общност. Когато расите станат по-умели, по-опитни и по-напреднали технологично, те упражняват все по-фини и коварни методи за въздействие една на друга. Хората са напреднали само толкова, колкото да се съревновават помежду си и напредъка им в тази област е недостатъчен. Това е една от причините да ви разкриваме тези неща. Вие навлизате в коренно различна среда, която изисква от вас да използувате вродените си качества и да развивате нови умения в себе си.

Въпреки че за човечеството присъединяването към Великата Общност е уникална по своята същност ситуация, това се е случвало безброй пъти с други раси във Великата Общност. Това което се върши във вашия свят, се е вършило и преди на много други места. То е силно развито и лесно приспособено за вашите условия и ситуацията, в която се намирате.

Мирната Програма е осъществена от пришълците частично. Естественото намерение за мирни връзки и желанието за избягване на военни конфликти заслужават адмирации. Дори и най-възвишените импулси могат да бъдат използувани за други цели. Вие знаете това от собствената си история. Мирът може да бъде установен на базата на мъдростта, сътрудничеството и истински качества.

Човечеството е било естествено загрижено за установяването на мирни взаимоотношения между своите племена и народи. Сега обаче, то изпитва много проблеми и предизвикателства. Ние разглеждаме това, като възможност за вашето развитие и това ще бъде предизвикателство за присъединяването ви към Великата Общност, ще обедини света и ще му даде основа за истинско, силно и ефективно обединение.

Следователно ние не сме тук да критикуваме вашите религиозни институции или вашите изконни ценности и пориви, а да илюстрираме как те са използувани срещу вас от тези извънземни раси, които са във вашия свят. И ако можем, ние бихме искали да ви окуражим да използувате правилно вашите дарования и вашите постижения за опазването на вашия свят, на вашата свобода и вашата цялостност на раса от Великата Общност.

Пришълците са изключително практични в начинанията си. Това е както сила, така и слабост. Докато ги наблюдавахме тук и на други места, ние забелязахме, че е много трудно за тях да се отклонят от своите планове. За тях промяната е трудно нещо, както и е трудно за тях да се справят с усложненията. Следователно те осъществяват своите планове лекомислено и небрежно, защото мислят, че имат предимство и са прави в своите начинания. Те не вярват, че човечеството ще предприеме ответни мерки срещу тях – най-малкото нещо, което да им въздейства. И те си мислят, че техните тайни намерения са добре опазвани и са отвъд човешките разбирания.

В светлината на това, нашата дейност по представянето на този материал ни прави врагове в техните очи. От наша гледна точка обаче, ние само се опитваме да се противопоставим на тяхното влияние и да ви дадем разбиране, от което се нуждаете и перспектива, на която можете да разчитате, за да опазите свободата си като раса и да се справите с реалността във Великата Общност.

Заради практическото естество на техните действия, те желаят да осъществят целите си с възможно най-голяма ефикасност. Те желаят да обединят хората, но само за тяхната дейност на света. За тях, човешкия съюз е от практическо естество. Те не оценяват етническото разнообразие; естествено те не го ценят и в собствените си култури. Следователно те ще се опитат да изкоренят, премахнат или да го намалят, ако е възможно, където и да упражняват влиянието си.

В предишното си изложение, ние говорихме за влиянието на пришълците върху нови форми на духовност – върху нови идеи и нови проявления на човешката божественост и човешката природа във вашия свят днес. В това изложение, ние бихме искали да се фокусираме върху традиционните ценности и институции, на които пришълците искат да въздействат и върху които вече въздействат.

Търсейки еднаквост и подчинение, пришълците ще разчитат на тези институции и ценности, които те чувстват като най-стабилни и практични за тяхната цел и използуване. Пришълците не се интересуват от вашите идеи и ценности, освен ако те не подпомагат техните цели. Не се заблуждавайте, като си мислите, че те са привлечени духовно от вас, защото те не притежават такъв афинитет. Това би било наивна и дори фатална грешка от ваша страна. Не си мислете, че те са очаровани от вашия живот и от нещата, които вие намирате за интригуващи. Защото само в много редки случаи бихте могли да им въздействате по този начин. Всяко естествено любопитство е изкоренено от тях и почти нищо не е останало. Те притежават много малко от това, което вие наричате „Дух", а ние наричаме „Варне" или „Пътят на Интуицията". Те са контролирани, контролират и следват мисловни и поведенчески модели, които са твърдо установени и стриктно подсилени. Те може би изглеждат съпричастни с вашите идеи, но това е само, за да спечелят вашата преданост.

В институциите във вашия свят те ще търсят да използуват тези ценности и фундаментални вярвания, които да спомогнат за вашата преданост към тях. Нека ви дадем някои примери, породени както от нашите наблюдения, така и дадени ни от Невидимите с течение на времето.

Мнозинството от населението във вашия свят са Християни. Ние админираме това, въпреки че това не е единствения път към изконните въпроси за духовна идентичност и цел в живота. Пришълците ще използуват фундаменталната идея на преданост към един водач, с цел да спечелят преданост за тяхната кауза. Идентификацията с Исус Христос ще бъде много силно използувана. Надеждата и обещанието за неговото завръщане на света е изключителна възможност за тях в този момент.

Ние знаем, че истинския Исус няма да се завърне на света, защото той работи заедно с Невидимите и служи на човечеството и на други раси също така. Този, който ще се появи с неговото име, ще бъде от Великата Общност. Той ще бъде създаден и роден за тази цел от колективите, които са на света днес. Той ще изглежда като човек и ще притежава забележителни качества и възможности в сравнение с всички вас. Той ще изглежда изключително човеколюбив. Той ще може да осъществява неща, които ще предизвикват както страх, така и голяма почит. Той ще може да показва имиджи на ангели, демони или това, което неговите началници пожелаят от него. Ще изглежда, че той притежава духовна сила. Но въпреки това, той ще дойде от Великата Общност и ще бъде част от колективите. И той ще породи преданост у хората, за да го последват. А относно тези, които не могат да го последват, той ще окуражи тяхното отчуждение или тяхното унищожение.

Пришълците не се интересуват колко хора ще бъдат унищожени, а дали имат предаността на мнозинството от вас. Следователно пришълците ще се фокусират върху тези фундаментални идеи, които ще им осигурят власт и въздействие.

Второто Пришествие е подготвено от пришълците. Доказателството за това както разбираме, е вече на света. Хората не забелязват присъствието на пришълците и реалността във Великата Общност и ще приемат естествено своите предишни вярвания без въпроси, чувствайки, че е дошло времето за великото завръщане на техния Спасител и Учител. Но този, който ще дойде, няма да бъде представител на небесата, той няма да представлява Знанието или Невидимите и няма да представлява Създателя и Волята на Създателя. Така ние виждаме планът за вашия свят, който наподобява плановете и в други светове.

В други религиозни традиции, еднаквостта ще бъде окуражена от пришълците – това което вие може да назовете като фундаментална религия на базата на миналото, базираща се на преданост към властта и отдаденост към институциите. Това помага на пришълците. Те не се интересуват от идеологията и ценностите на вашите религиозни институции, а от тяхната приложимост. Колкото повече хората мислят, действат и отговарят по предсказуем начин, толкова по-полезни са те за колективите. Тези еднаквости са поощрени в много различни традиции. Стремежът тук е не да ги направим еднакви, а да бъдат обикновени в тяхната същност.

В една част от света, една религия ще надделее; в различни части на света, различни религиозни идеологии ще надделеят. Това е много полезно за пришълците, защото те не се интересуват колко религии съществуват, а дали има ред, подчинение и преданост. Нямайки своя религия, която вие да следвате, те ще използуват вашата, за да предизвикат своите ценности, защото те ценят само пълното отдаване към тяхната кауза и каузата на колективите и желаят тоталната ви отдаденост да участвате с тях по начини, които те представят. Те ще ви убеждават, че това ще донесе мир и изкупление на света и ще допринесе за завръщането на религиозни фигури и личности, които са толкова желани от вас.

Това не значи, че тези религиозни традиции се ръководят от извънземни сили, защото ние разбираме, че фундаментални религии са установени във вашия свят. Това което казваме е, че импулсите за това и механизмите ще бъдат подкрепени от пришълците и използувани за тяхната цел. Следователно всички, които са истински вярващи, трябва да бъдат много внимателни, за да могат да открият тези влияния и да отговорят както е възможно. Обикновените хора на света не са интересни за убеждаване; това са ръководителите.

Пришълците твърдо вярват, че ако те не се намесят навреме, човечеството ще се самоунищожи и ще унищожи света. Това не е истина; това е просто едно предположение. Човечеството обаче е пред риск от самоунищожение, а това не е вашата съдба. Но колективите вярват, че е така и че те трябва да действат с бързина и възлагат на своите програми за въздействие голяма значимост. Тези, които се подават на убеждение, ще бъдат оценени като полезни; тези, които не могат да бъдат убедени, ще бъдат изхвърлени и отчуждени. Ако пришълците са достатъчно силни да упражнят тотален контрол на света, тези, които не могат да бъдат подчинени ще бъдат елиминирани. Но пришълците няма да участват в унищожаването. То ще бъде извършено от тези личности на света, които са попаднали напълно под техен контрол.

Това е ужасен сценарий и ние разбираме това, но не трябва да има съмнение, за да разберете и получите това, което ние ви даваме чрез тези съобщения. Това не е унищожение на човечеството, това е интеграция на човечеството, което пришълците желаят да постигнат. Те ще се кръстосват с вас за тази цел. Те ще се опитат да пренасочат религиозните ви традиции и институции за тази цел. Те ще установят себе си в потайност на света за тази цел. Те ще въздействат на правителствата и на правителствените лидери с тази цел. Те ще въздействат върху военните сили на света с тази цел. Пришълците са убедени, че ще успеят, защото до сега човечеството не е дало достатъчен отпор на действията им и не е отхвърлило техните планове.

За да се противопоставите на това, вие трябва да учите Пътят на Знанието във Великата Общност. Всяка свободна раса във вселената трябва да учи Пътят на Знанието, но то трябва да бъде определено за тяхната култура. То е източник на личната свобода. То е, което позволява на личностите и обществата да имат истинска почтеност и да имат необходимата мъдрост, за да се справят с въздействията, които се противопоставят на Знанието, както в техния свят така и във Великата Общност. Следователно необходимо е да се учат нови пътища, защото вие се присъединявате към нова ситуация с нови сили и влияния. Това не е бъдеща перспектива, а непосредствено предизвикателство. Животът във вселената няма да ви чака да се подготвите. Нещата ще се случат независимо дали сте готови или не. Посещенията се случват без вашето съгласие и без вашето разрешение. И фундаменталните ви права са нарушени до такава степен, че трудно бихте могли да си представите.

Ето защо, ние сме пратени не само да ви подкрепим и окуражим, но и да ви предупредим, да ви алармираме и да ви вдъхнем съзнание и отговорност. Ние споменахме вече, че не можем да спасим вашата раса чрез военна намеса. Това не е нашата роля. И дори да се опитаме да сторим това чрез сила и да осъществим този план, вашият свят ще бъде унищожен. Ние можем само да съветваме.

В бъдещето ще видите жестокостта на религиозните вярвания изразени по насилствени начини, насочени срещу хора, които не са съгласни, срещу слаби народи и използувани като оръжие за атака и унищожение. Пришълците горещо желаят вашите религиозни институции да ви ръководят. Вие трябва да се съпротивлявате на това. Пришълците горещо желаят вашите религиозни ценности да бъдат споделени от всеки, защото това увеличава тяхната работна сила и улеснява задачата им. Такова влияние означава признаване – признаване на волята, предаване на целта, предаване на нечии живот и качества. Това ще бъде представено като велико постижение на човечеството, велико постижение на обществото, ново обединение на човечеството, нова надежда за мир и спокойствие, триумф на човешкия дух над човешките инстинкти.

Затова отправяме нашия съвет и ви насърчаваме да се въздържате от вземане на неразумни решения, от това да губите времето си за неща, които не разбирате и от това да се примирявате с омаловажаването на вашето мнение и преценка заради някакво обещано възнаграждение. И ние трябва да ви окуражим да не предадете Знанието в себе си, духовната интелигентност, с която сте родени и която носи вашето велико бъдеще.

Между другото, слушайки тези неща, вие ще си представите вселената като място лишено от Божията милост. Вие може и да бъдете цинични и притеснени, мислейки че алчността е универсална. Но не това е важното. Това което е нужно в момента, е да сте силни, по-силни отколкото сте, по-силни отколкото сте били. Не комуникирайте с тези извънземни, докато не станете достатъчно силни. Не отваряйте сърцата и съзнанието си за пришълците, защото те идват тук с тяхна собствена цел. Не си мислете, че те ще задоволят вашите религиозни предсказания или велики идеали, защото това е заблуда.

Във Великата Общност има велики духовни сили – личности и дори народи, които са постигнали много висока степен на реализация, далеч от това, което човечеството е показало до сега. Но те не се опитват да завладеят други светове. Те не представляват политически и икономически сили във вселената. Те не са въвлечени в търговията отвъд задоволяване на основните си нужди. Те пътуват много рядко, освен в ситуации когато това е необходимо.

Емисари се пращат да помагат на тези, които се присъединяват към Великата Общност, емисари като нас. И съществуват духовни емисари също така – силата на Невидимите, които могат да говорят на тези, които са готови да получат и имат добро сърце и обещание. Така работи Бог във вселената.

Вие навлизате в трудна среда. Вашият свят е ценен за другите. Вие трябва да го защитите. Вие трябва да опазите природните ресурси и да не сте зависими от търговията с други нации за основните неща в живота си. Ако не защитите ресурсите си, ще трябва да се откажете до голяма степен от вашата свобода и самостоятелност.

Вашата духовност трябва да бъде огласена. Тя трябва да се базира върху истинско изживяване, защото ценностите и вярванията, ритуалите и традициите могат да бъдат и вече са използувани от вашите пришълци за тяхната цел.

Тук трябва да разберете, че пришълците също са уязвими в някои сфери. Нека да разгледаме това сега. Личностно, те имат много малко индивидуална воля и трудно се справят със сложните ситуации. Те не разбират вашата духовност. И много вероятно, те не разбират импулсите на Знанието. Колкото по-силни сте със Знанието, толкова по-необясними сте, толкова по-трудни сте за контрол и по-малко нужни и важни сте за тях и за тяхната програма за интеграция. Личностно, колкото по-силни сте със Знанието, толкова по-голямо предизвикателство сте за тях. Колкото повече личности станат силни със Знанието, толкова по-трудно е за пришълците да ги изолират.

Пришълците не са силни физически. Тяхната сила е на Ментално Ниво и в използуването на тяхната технология. В сравнение с вас, те са малобройни. Те зависят изцяло от вашето съгласие и са напълно убедени, че ще успеят. На базата на досегашния си опит, те смятат, че човечеството не им дава почти никакъв отпор. Но колкото по-силни сте със Знанието, толкова по-силно можете да се опълчите на интервенцията и на манипулацията и толкова повече сте сила за свободата и суверенитета на вашата раса.

Въпреки че не много от вас ще чуят нашето съобщение, вашият отговор е важен. Лесно е между другото да не повярвате на нашето присъствие и да реагирате негативно на нашето съобщение, но ние говорим в съответствие със Знанието. Следователно това за което говорим е във вас, ако сте свободни да го научите.

Ние разбираме, че с нашата презентация предизвикваме и разклащаме много вярвания и обичаи. Дори нашето появяване ще изглежда необяснимо и ще бъде отхвърлено от много от вас. Въпреки това, нашите думи и нашето съобщение могат да резонират във вас, защото ние говорим със Знанието. Силата на истината е най-могъщата сила във вселената. Тя има мощта да освобождава. Тя има силата да просветлява и да даде сила и самочувствие на тези, които се нуждаят от това.

Беше ни казано, че човешкото съзнание е дълбоко ценено, но рядко практикувано. Това е за което говорим в Пътя на Знанието. Това е основата на всичките ви истински религиозни импулси. То е част от религията ви и не е новост за вас. Но то трябва да се цени, защото в противен случай, нашите усилия и тези на Невидимите да подготвим човечеството за Великата Общност, няма да са успешни. Много малко хора ще откликнат и истината ще бъде бреме за тях, защото няма да могат да я споделят ефективно.

И така, ние не сме тук, за да критикуваме религиозните ви институции или конгреси, а за да илюстрираме как те могат да бъдат използувани срещу вас. Ние не сме тук, за да ги отхвърляме и отричаме, а да покажем как истинската цялостност трябва да проникне в тези институции и събрания, за да могат те да ви служат истински.

Във Великата Общност духовността е въплатена в това, което наричаме Знание, Знание означаващо интелект на Духа и движението на Духа във вас. Това ви дава сила не само да вярвате, но и да знаете. То ви имунизира срещу убеждаване и манипулация, защото Знанието не може да бъде манипулирано от никаква световна сила. То дава живот на религиите ви и надежда за вашата съдба.

Ние вярваме на тези идеи, защото те са фундаментални. Те не се споделят от колективите и ако ги срещнете и имате силата да запазите своето спокойствие, ще разберете това сами.

Беше ни казано, че има много хора по света, които желаят да се отдадат на някаква голяма сила. Това не е новост за вашия свят, но във Великата Общност това води до поробване. Ние разбираме, че такова поведение във вашия свят и в миналото е водело до поробване. Но във Великата Общност, вие сте по-уязвими и трябва да бъдете мъдри, много внимателни и по-самостоятелни. Безразсъдството струва много скъпо и носи със себе си големи нещастия.

Ако отговорите на Знанието и учите Пътя на Знанието във Великата Общност, вие ще можете да видите тези неща сами. Това ще потвърди нашите думи и вие няма само да ги отричате или да им вярвате сляпо. Създателят прави възможно това, защото Създателят желае човечеството да се подготви за своето бъдеще. Затова ние сме тук. Затова наблюдаваме и имаме възможността да ви кажем това, което виждаме.

Религиите на света ви говорят в своите учения. Ние имахме възможност да ги прегледаме благодарение на Невидимите. Те обаче имат и някои потенциални слабости. Ако човечеството беше по-бдително и беше разбрало реалността на живота във Великата Общност и значението на преждевременната визита, рисковете не биха били толкова големи, колкото са днес. Очакванията и надеждите са, че тези визити ще донесат големи награди и ще са благоприятни за вас. Но вие още не знаете нищо за реалността във Великата Общност или за мощните сили, които действат във вашия свят. Вашето неразбиране и незряла вяра в пришълците не са ви от полза.

Това е причината Мъдрите във Великата Общност да бъдат скрити. Те не желаят търговия и връзки във Великата Общност. Те не желаят да са част от търговските съюзи. Те не търсят дипломатичност с много светове. Техните предани мрежи са по-скоро мистериозни и духовни по своята същност. Те разбират риска и трудностите от показването в реалността на живота във физическата вселена. Те пазят изолацията си и са бдителни в техните граници. Те се опитват да разширят своята мъдрост по начини, които не са толкова физически по своята същност.

Вие можете да видите това и във вашия свят, където най-мъдрите и най-надарените не търсят лична облага по търговски и комерсиални методи и не се опитват да завладяват или манипулират. Вашият свят ви показва толкова много неща. Вашата история ви казва и илюстрира толкова много в умален мащаб на това, за което ви говорим тук.

И така, нашето желание е не само да ви предупредим за ситуацията, в която се намирате, но и да ви осигурим, ако можем, перспектива и разбиране за живота от които ще се нуждаете. И ние вярваме, че достатъчно хора ще чуят тези слова и ще отговорят на величието на Знанието. Ние се надяваме, че ще има такива от вас, които ще разпознаят, че нашето съобщение няма за цел да буди страх и паника, а да породи отговорност и съдействие за опазване на свободата и доброто във вашия свят.

Ако човечеството не съумее да превъзмогне Интервенцията, ние можем да обрисуваме картината на това, което ще последва. Ние сме го виждали навсякъде, защото всеки от нас е преживявал това в собствените си светове. Като част от колективите, Земята ще бъде прокопана за ресурси, хората ще бъдат принудени да работят и тези, които се съпротивляват и разколничат ще бъдат или отчуждени или унищожени. Светът ще бъде опазен за агрикултурата и минното дело. Човешките общества ще съществуват само като се подчинят на силата на световете отвъд вашия свят. И когато светът изчерпи своята полезност, когато неговите ресурси бъдат напълно използувани, вие ще бъдете изоставени и съсипани. Поддържащият живот на вашия свят ще ви бъде отнет; основните неща за оцеляване ще ви бъдат отнети. Това се е случвало много пъти на много други места във вселената.

В този случай с вашия свят, колективите могат и да решат да запазят света за изпозуването му като стратегически стълб и като биологически склад. Въпреки това, човечеството ще страда много от тираничното управление. Човешкото население ще бъде редуцирано многократно. Управлението на хората ще бъде поверено на тези, които са възпроизведени да управляват човешката раса в новия ред. Човешката свобода, каквато я познавате, няма да съществува и вие ще страдате под тежестта на чуждото управление, което ще бъде сурово и изтощително.

Във Великата Общност съществуват много колективи. Някои от тях са огромни; някои от тях са малки. Някои от тях са етични в своите начинания; много обаче не са. Заради това, че те се съревновават помежду си за управление върху вашия свят, опасни дейности могат да бъдат използувани. Ние трябва да ви ги разкрием, за да не се съмнявате в това, което говорим. Изборът който имате не е голям, но е фундаментален.

Следователно разберете, че от гледна точка на вашите пришълци, вие сте племена, които имат нужда да бъдат управлявани и контролирани, за да осъществят интересите на пришълците. Затова, вашите религии и част от социалната ви действителност ще бъдат запазени. Но вие ще загубите много. И много ще бъде загубено, преди да сте разбрали какво ви е отнето. Следователно ние само можем да поощрим вашата бдителност, вашата отговорност и ангажимент да учите - да учите за живота във Великата Общност, да учите как да опазите собствената си култура и собствената си реалност в огромна среда и да учите как да различите кои са тук, за да ви помагат и кои не са дошли за това. Такава прозорливост е необходима на света, дори само с цел решаването на вашите собствени трудности. Но за вашето оцеляване и благополучие във Великата Общност, това е абсолютно необходимо.

Следователно ние ви окуражаваме да действате смело и от сърце. Ние от своя страна, имаме още какво да споделяме с вас.

Пред прага на: Ново Обещание за Човечеството

За да можете да се подготвите за чуждоземното присъствие на света, трябва да учите още за живота във Великата Общност, живот който ще обгърне вашия свят в бъдеще, живот част от който ще бъдете и вие.

Съдбата на човечеството винаги е била присъединяване към интелигентния живот във Великата Общност. Това е необратимо и е валидно за всички светове, където е посят и е развит интелигентен живот. Вие също трябва да разберете, че живеете във Великата Общност. И евентуално, вие ще трябва да разберете, че не сте сами във вашия свят, че сте посещавани и че трябва да учите да се съревновавате с различни раси, сили, вярвания и поведения, които са широко разпространени във Великата Общност в която живеете и вие.

Присъединяването към Великата Общност е ваша съдба. С изолацията ви е приключено. И въпреки, че вашия свят е посещаван многократно в миналото, изолираното ви съществуване е към края си сега. Важно е да разберете, че не сте сами – във вселената и дори във вашия свят. Това разбиране е по-добре обяснено в Учението за Духовността във Великата Общност, което е представено на хората днес. Нашата роля е да покажем живота такъв, какъвто е във Великата Общност, за да можете да изградите по-дълбоко разбиране за голямата панорама на живота, към който се присъединявате. Това е необходимо за вас, за да имате обективност, разбиране и мъдрост за това, което ви предстои. Човечеството е живяло в относителна изолация толкова дълго, че за вас е нормално да мислите, че останалата част от вселената функционира съгласно идеите, принципите и науката, която вие имате за свещена и в съответствие на която осъществявате своите дейности и възприятия на света.

Великата Общност е огромна. Най-далечните и части още не са изследвани. Тя е по-обширна от разбиранията на всяка раса. В рамките на това изключително нещо, съществува интелигентен живот на всяко еволюционно ниво в безкрайни проявления. Вашият свят се намира в относително гъсто населена част от Великата Общност. Някои части от Великата Общност никога не са били изследвани и някои раси живеят в тях тайно. Всичко във Великата Общност съществува в условия на проявлението на живота. И въпреки, че живота такъв какъвто го описваме изглежда труден и предизвикателен, Създателят работи навсякъде, превъзпитавайки отлъчените чрез Знанието.

Във Великата Общност, не може да съществува една религия, една идеология или една форма на управление, които могат да бъдат приложими за всички раси и хора. Следователно когато го ворим за религия, ние имаме предвид духовността във Великата Общност, защото това е проявлението и силата на Знанието, които съществуват във всеки интелигентен живот – във вас, във вашите посетители и във всички раси, с които ще се срещнете в бъдеще.

Така, духовността във вселената е фокусна точка. Тя обединява отклонените разбирания и идеи, които са преобладаващи във вашия свят и дава споделена основа на вашата духовна реалност. И въпреки това, изучаването на Знанието не е само поучително, то е основното за оцеляването и напредъка във Великата Общност. За да можете да установите и отстоявате свободата и независимостта си във Великата Общност, трябва да имате тези качества развити в достатъчно хора от вашия свят. Знанието е единствената част от вас, което не може да бъде манипулирано или да му бъде въздействано. То е източника на всички мъдри решения и действия. То е необходимо за средата на Великата Общност, ако свободата е оценена и ако желаете да установите своята съдба, без да бъдете интегрирани към колективите или към други общества.

Следователно като изясняваме опасното положение на света днес, ние желаем да ви представим големия дар и надежда за човечеството, защото Създателят няма да ви изостави неподготвени за Великата Общност, най-голямото предизвикателство пред което се изправя човечеството. Ние също сме благословени с този дар. Той ни беше даден преди много столетия, ваше време. Ние трябваше да го учим като избор и като необходимост.

Разбира се, присъствието и силата на Знанието е това, което ни дава възможност да ви говорим като ваши Съюзници и да ви предоставим информацията, която се съдържа в тези изложения.

Ако не бяхме открили тези велики Откровения, ние бихме били изолирани в собствените си светове, неспособни да разберем великите сили във вселената, които щяха да определят бъдещето и съдбата ни. Този дар, който ви се дава днес е даден на нас и на много други раси с потенциал и бъдеще. Този дар е изключително важен за присъединяващи се раси като вашата, които имат толкова голям потенциал и които в същото време са толкова уязвими във Великата Общност.

Следователно докато не е възможно да съществува само една религия или идеология във вселената, съществува универсален принцип, разбиране и духовна реалност, които са достъпни за всички. Те са толкова съвършени, че могат да говорят на всички тези, които са много по-различни от вас. Те говорят на различните проявления на живота и всичките му разновидности. Вие, които живеете в този свят сега, имате възможността да учите за тази велика реалност, да изпитвате нейната сила и благодат за себе си. Естествено, ние се надяваме да подсилим този дар, защото това ще запази свободата и самоопределянето ви и ще отвори пред вас вратите към велико бъдеще във вселената.

Вие обаче, имате нещастието и голямото предизвикателство в самото начало. Заради това, трябва да учите дълбокото Знание и великото съзнание. Ако отговорите на това предизвикателство, вие се превръщате в помощници не само на себе си, а и на цялата ви раса.

Учението на Духовността във Великата Общност е на света днес. То никога до сега не е давано на този свят. То е дадено чрез една личност, която служи като посредник и говорител на тази Традиция. То е пратено на света в това критично време, когато човечеството трябва да учи за живота си във Великата Общност и за големите сили, които преобразуват света днес. Само учение и разбиране отвъд този свят, може да ви даде това предимство и тази подготовка.

Вие не сте сами в това трудно начинание, защото във вселената има и други, дори във вашия етап на развитие раси, които поемат по същия труден път като вас. Вие сте малка част от подобни раси, присъединяващи се към Великата Общност в това време. Всяка от тях е с голям потенциал, но и всяка е много уязвима за трудностите, предизвикателствата и влиянията, които са налице във вселената. Разбира се, много раси са загубили свободата си и са станали част от колективите, част от търговските съюзи или част от клиентите на огромни сили.

Ние не бихме желали това да се случи и с вас, защото това би било голяма загуба. Това е и причината да сме тук. Затова и Създателят действа на света днес, дарявайки ново разбиране на човешкото семейство. Време е човечеството да прекрати безкрайните конфликти помежду си и да се подготви за живота във Великата Общност.

Вие живеете в много активна област извън сферата на вашата миниатюрна слънчева система. В тази област, търговията се осъществява по определени пътища. Световете си взаимодействат, съревновават се и понякога враждуват помежду си. Тези, които имат търговски интереси, търсят нови възможности там. Те търсят не само ресурси, но също така и съюзи в светове като вашия. Някои от тях са част от огромни колективи. Други имат свои собствени съюзи с много по-малки размери. Световете, които се присъединяват успешно към Великата Общност, трябва да поддържат своята автономия и себезадоволяване. Това ги предпазва от сили, които могат да се опитат да ги екслоатират и използуват.

Развитието на вашите възприятия и себезадоволяването ви, както и вашата обединеност, ще изиграят решаваща роля за благосъстоянието ви в бъдеще. И това бъдеще не е толкова далечно, защото въздействието на пришълците във вашия свят става все по-голямо. Много личности са се примирили с тях и им служат като емисари и посредници. Много други хора служат като ресурси за тяхната генетична програма. Както казахме вече, това се е случвало много пъти на различни места във вселената. Това не е мистерия за нас, въпреки че за вас е неразбираемо.

Интервенцията е както беда, така и голяма възможност. Ако сте в състояние да отговорите, ако сте в състояние да се подготвите, ако сте в състояние да учите Знанието и Мъдростта на Великата Общност, тогава ще можете да отблъснете силите, които се намесват във вашия свят и да поставите началото на нов съюз между вашите хора и народи. Ние разбира се, подкрепяме това, защото подобно нещо усилва връзките на Знанието навсякъде.

Големи войни във Великата Общност почти не съществуват, защото са налице ограничаващи сили. От една страна, войните нарушават търговията и развитието на ресурсите. В резултат на това, не се разрешава на големите раси да действат безрасъдно, защото това спъва или отхвърля целите на други съюзи, нации и интереси. Цивилни войни се случват от време на време в някои светове, но големи войни между обществата и световете са изключителна рядкост. Това е отчасти причината да се установят такива умения в Умствената Среда, защото по този начин нациите се съревновават и се опитват да си въздействат една на друга. След като никой не желае да унищожава ресурси, тези големи умения и възможности са се развили в различна степен в много общества във Великата Общност. Когато този вид въздействия са представени, нуждата от Знание е дори още по-належаща.

Човечеството е много слабо подготвено за това. Въпреки че благодарение на богатото ви духовно наследство и относителната ви лична свобода, има надежда да напреднете във вашите разбирания и да осигурите и опазите свободата си.

Съществуват и други ограничения срещу войната във Великата Общност. Болшинството от търговските общества принадлежат на огромни съюзи, които са установили закони и правила на поведение за своите членове. Те служат за ограничаване на действията на други, които желаят да използуват сила, за да спечелят достъп в други светове и да заграбят техните ресурси. За да има голяма война, трябва да бъдат включени много на брой раси, а това не се случва често. Ние знаем, че човечеството е много войнствено, но в действителност ще откриете, че това не се толерира добре във Великата Общност и че други начини за убеждение са добре усвоени и използувани там, вместо грубата сила.

Затова и вашите посетители не са дошли във вашия свят с голямо въоражение. Те не идват с големи военни сили, защото притежават умения, които им служат по други начини – умения в манипулиране на мисли, импулси и чувства на тези, с които се срещат. Човечеството е много уязвимо за такива въздействия поради суеверия, конфликти и липса на вяра, които са преобладаващи във вашия свят днес.

Следователно, за да разбирате вашите пришълци и тези, с които ще се срещате в бъдеще, вие трябва да установите по- зряло виждане за използването на силата и въздействието. Това е изключително важна точка от вашето обучение за Великата Общност. Част от тази подготовка ще бъде дадена в Учението на Духовността във Великата Общност, но вие също така трябва да я изучавате и чрез директен опит.

Ние разбираме, че в момента много хора имат фантастични и нереални виждания за Великата Общност. Вярва се например, че тези, които са технологично са и духовно напреднали, но ние трябва да ви уверим, че това не е така. Вие самите, въпреки че сте по-напреднали технологично отколкото в миналото, нямате голям духовен напредък. Вие притежавате повече мощ, но заедно с това се появява и нуждата от по-голямо въздържание.

Има раси във Великата Общност, които притежават много пъти по-голяма технологична и мисловна мощ от вас. Вие ще трябва да взаимодействате с тях, но въоражението не трябва да бъде вашия акцент, защото военните действия на междузвездно ниво са толкова разрушителни, че всички са губещи. Какви са изгодите от такъв конфликт? Какви преимущества осигурява той? Естествено, когато такъв конфликт съществува, той става в космоса и рядко в земна среда. Нечестни нации и такива, които са разрушителни и агресивни са отблъсквани бързо, особено ако съществуват в гъсто населени области, където се осъществява търговията.

Следователно важно е да разберете естеството на конфликтите във вселената, защото това ще ви даде прозорливост относно пришълците и техните нужди – защо те функционират по този начин, защо личната свобода е непозната сред тях и защо разчитат на техните колективи. Това им осигурява стабилност и сила, но също така ги прави уязвими за тези, които са умели и силни със Знанието.

Знанието ви дава възможност да мислите по много различни начини, да действате спонтанно, да разберете реалността отвъд очевидното и да изживявате бъдещето и миналото. Такива умения са отвъд възможностите на тези, които само следват режимите и диктатурите на други култури. Вие сте далеч от технологията на вашите пришълци, но имате потенциал да развиете умения в Пътя на Знанието, умения от които ще се нуждаете и които трябва да учите, за да разчитате на тях все повече.

Ние не бихме били Ваши Съюзници, ако не ви обучавахме за живота във Великата Общност. Ние сме видели много. Ние сме се сблъсквали с много различни неща. Нашите светове бяха завладени и ние трябваше да извоюваме нашата свобода обратно. Ние знаем от опит и грешки, за естеството на конфликтите и предизвикателствата, с които вие се сблъсквате днес. Затова сме добре подготвени в мисията си да ви помогнем. Ние обаче няма да се срещнем с вас и с вашите лидери. Това не е нашата цел.

Вие разбира се не се нуждаете от голяма намеса, а от голяма помощ и съдействие. Вие трябва да развивате нови умения и нови разбирания. Дори доброжелателни общества, ако ви посетят, биха осъществили голямо влияние и въздействие върху вас и вие бихте се поддали и бихте станали зависими от тях, а така няма да установите своята сила, мощ и себезадоволяване. Вие ще бъдете толкова зависими от технологията и разбиранията им, че те няма да могат да ви напуснат. И разбира се, идването им тук ще ви направи дори по-уязвими на въздействие в бъдещето, защото вие ще желаете тяхната технология и ще искате да пътувате по търговските пътища на Великата Общност. За съжаление, вие няма да сте подготвени и достатъчно мъдри за това.

Ето защо, бъдещите ви приятели не са тук. Затова те не идват да ви помагат, защото ако сторят това, вие няма да станете силни. Вие ще искате да се асоциирате и да сключите съюз с тях, но ще бъдете толкова слаби, че няма да можете да се защитите. В резултат на това, вие ще станете част от тяхната култура, а те не желаят такова нещо.

Вероятно много хора няма да вникнат в това, за което ви говорим тук, но с времето то ще започне да се прояснява и вие ще разберете неговата мъдрост и необходимост. В този момент, вие сте прекалено слаби, прекалено разсеяни и прекалено подвластни на конфликти, за да сключвате силни съюзи дори с тези, които биха били ваши бъдещи приятели. Човечеството още не може да говори единно и затова е предразположено към интервенция и манипулация отвъд.

Когато реалността във Великата Общност стане по-добре позната във вашия свят и ако нашето съобщение докосне достатъчно хора, тогава ще разберете, че човечеството се е изправило пред голям проблем. Това би могло да създаде нова основа за сътрудничество и съгласие. Защото, какво предимство може да има една нация пред друга, когато целия свят е застрашен от Интервенцията?

И кой би могъл да търси индивидуална сила в среда, в която се намесват извънземни сили? Ако свободата е истинска във вашия свят, то тя трябва да бъде споделена. Тя трябва да бъде разпозната и разбрана. Тя не може да бъде привилегия на няколко, в противен случай няма да сте истински силни.

От Невидимите знаем, че има хора, които доминират на света, защото вярват, че имат благословията и подкрепата на пришълците. Те имат уверението на извънземните, че ще бъдат подкрепени в похода им за власт. Въпреки че това което губят е ключа за тяхната свобода и свободата на техния свят? Те не знаят, не са мъдри и не виждат своята грешка.

Ние разбираме, че има хора, които вярват, че пришълците са тук, за да представят духовно възраждане и надежда за човечеството, но как да знаят те, които не знаят нищо за Великата Общност? Тяхната надежда и желание е, че това ще се случи, а подобни желания са стимулирани от пришълците с очевидни цели.

Това за което говорим тук, е че нищо не е по-скъпо от истинската свобода, сила и съюз на света. Ние правим съобщението достъпно за всички и вярваме, че нашите думи могат да бъдат получени и обсъдени сериозно. Ние обаче нямаме контрол върху вашия отговор. И суеверията и страховете на света ще затруднят приемането на съобщението ни. Но надеждата и обещанието остават. За да ви дадем повече, ние трябва да завземем вашия свят, а ние не желаем това. Следователно ние ви даваме толкова, колкото можем, без да се намесваме във вашите дела. Но има много от вас, които желаят такава намеса. Те желаят да бъдат спасени от някой друг. Те не вярват във възможностите на човечеството. Те не вярват във вродените умения и качества на хората. Те ще отдадат свободата си сами. Те ще вярват сляпо на пришълците и ще служат на новите си господари, мислейки, че по този начин получават свободата си.

Свободата е скъпоценно нещо във Великата Общност. Винаги помнете това и никога не го забравяйте. Вашата и нашата свобода е скъпоценна. А какво е свобода, ако не възможността да следвате Знанието, реалността, която Създателят ви е дал, да проявявате Знанието и да го отдадете във всичките му проявления?

Вашите пришълци нямат тази свобода. Тя не е позната за тях. Те наблюдават хаоса във вашия свят и вярват, че реда който ще осигурят тук, ще ви спаси от самоунищожение. Това е всичко, което те могат да ви дадат, защото това е всичко, което притежават. И те ще ви използуват, без да гледат на това като нещо нередно, защото и те самите са използувани и не познават друга алтернатива. Тяхното програмиране и обучение е толкова съвършено, че да се достигне до дълбоката им духовност е много далечна перспектива. Вие не сте достатъчно силни, за да сторите това. Вие трябва да сте много пъти по-силни отколкото сте сега, за да притежавате изкупително влияние върху вашите пришълци. Въпреки това, тяхното подчинение не е толкова необикновено във Великата Общност. То е много често срещано в огромните колективи, където еднаквостта и съгласието са основни за ефикасното функциониране, по-специално върху обширни области в космоса.

Следователно не гледайте на Великата Общност със страх, а с обективност. Условията които описваме, вече съществуват във вашия свят. Вие можете да разберете тези неща. Манипулацията и влиянието са неща, познати за вас. Вие обаче, никога не сте се сблъсквали с тях в такива огромни размери, както и никога досега не сте се съревновавали с други фоми на интелигентен живот. Затова и нямате необходимите знания, как да го направите.

Ние ви говорим за Знанието, защото то е вашата най-голяма заложба. Без значение каква технология ще развиете във времето, Знанието е най-голямата ви надежда. Технологично, вие сте векове назад от вашите пришълци и затова трябва да разчитате на Знанието. То е най-великата сила във вселената и вашите пришълци не го използуват. То е единствената ви надежда. Затова Учението за Духовността във Великата Общност учи на Пътят към Знанието, осигурява Стъпките към Знанието и учи на Мъдростта и Интуицията във Великата Общност. Без тази подготовка, вие няма да имате уменията и перспективата да разберете своята дилема и да и отговорите ефективно. Тя е прекалено нова и прекалено голяма за вас. И вие не сте свикнали с тези нови условия.

Влиянието на пришълците расте с всеки изминал ден. Всеки, който чуе и почувства това, трябва да учи Пътят към Знанието. Това е зов. Това е дар. Това е предизвикателство.

Ако обстоятелствата не бяха толкова належащи, нуждата може би нямаше да бъде толкова неотложна. Нуждата в този момент обаче е изключителна, защото не съществува сигурно място на Земята, където да се скриете от чуждото присъствие. Ето защо, съществуват два варианта: да се примирите или да браните свободата си.

Това е изключително важно решение за всеки от вас. Това е огромна повратна точка. Не можете да сте лекомислени във Великата Общност. Тя е прекалено взискателна среда. Тя изисква прозорливост и посвещение. Вашият свят е прекалено уязвим. Ресурсите тук са желани от други. Стратегическото положение на вашия свят е оценено много високо. Дори да живеехте в отдалечено място, далеч от търговски пътища и икономически връзки, вие щяхте да бъдете открити. Вие сте открити вече и трябва да свиквате с това.

Бъдете смели. Това е време да бъдете смели, а не колебаещи се. Сериозността на ситуацията срещу която се изправяте, само потвърждава значимостта на вашия живот, вашия отговор и важността на подготовката дадена на света днес. Това не е само заради вашия напредък. То е и за вашата защита и оцеляване.

Въпроси и Отговори*

Н ие чувстваме, че е важно, съгласно информацията, която осигурихме до сега, да отговорим на възникналите въпроси, засягащи реалността и значението на съобщенията, които сме оторизирани да ви предадем.

◆

"Можете ли да дадете някакво безспорно доказателство, защо хората да ви вярват относно Интервенцията?"

Първо, има безспорни доказателства относно визитите във вашия свят. Беше ни казано, че това е така. Невидимите също така ни довериха, че хората не могат да разберат доказателствата и ги определят по свое усмотрение – определение, което в голяма степен им осигурява комфорт и спокойствие. Ние сме сигурни, че има необходимите до-

---

казателства за това, че Интервенцията се случва на света днес и всеки заинтересован, може да изследва тази материя. Фактът, че вашите правителства и религиозни лидери не оповестяват тези неща публично, не означава, че те не се случват.

◆

"Как хората да са сигурни, че вие наистина съществувате?"

Относно това дали сме реални, ние не можем да демонстрираме физическото си присъствие пред вас и затова трябва да разберете значението и важността на нашите думи. В момента не е от значение в какво вярвате. Нужно е голямо приемане, Знание и хармония. Думите, които изричаме са истина и ние вярваме в тях, но това не значи, че те не могат да бъдат преиначени. Ние не можем да контролираме отговора на нашето съобщение. Има хора, които желаят да получат повече доказателства, отколкото могат да бъдат дадени. За другите, подобно доказателство няма да бъде нужно, защото те ще почувстват вътрешно потвърждение.

Междувременно, нашето съществуване остава спорно и въпреки това, ние се надяваме и вярваме, че думите ни ще бъдат разгледани много сериозно, а доказателствата, които съществуват и които са реални, могат да бъдат събрани и разбрани от тези, които желаят да отдадат на това силите и фокуса в живота си. От наша гледна точка, не съществува по-голям проблем, предизвикателство и възможност, за да получим вашето внимание.

Следователно вие сте в началото на нов процес на разбиране. Той ще изизква вяра и увереност във вас самите. Много от вас ще отхвърлят това, само защото не вярват в нашето съществуване.

Други, между другото ще вярват, че сме част от манипулация, която въздейства върху света. Ние не можем да контролираме тези мнения. Ние само можем да разкрием нашето съобщение и нашето присъствие в живота ви, независимо как ще бъде разгледано това присъствие. Нашето присъствие тук не е важно, важно е съобщението, което сме дошли да разкрием, както и голямата перспектива и разбиране, които можем да ви осигурим. Вашето обучение трябва да започне отнякъде. Всяко обучение започва с желание за знание.

Ние се надяваме, че чрез тези доклади, ще можем да провокираме малка част от вашата увереност, за да ви разкрием това, което имаме за вас.

◆

"Какво ще кажете на тези, които разглеждат
Интервенцията като положителен факт?"

Ние разбираме, че всички сили идващи от небето, са част от вашите духовни, социални и изконни вярвания и традиции. Идеята, че животът във вселената е безинтересен, е предизвикателство за тези фундаментални вярвания. От наша гледна точка, базираща се на нашите вярвания и култури, ние разбираме тези очаквания. В далечни времена, ние също вярвахме по този начин. Трябваше обаче да се променим, когато се изправихме срещу действителността на живота във Великата Общност.

Вие живеете в огромна физическа вселена. Тя е изпълнена с живот. Този живот представлява безкрайни проявления и еволюция на интелигентността и духовното съзнание на всяко ниво. Това означава, че това което ще срещнете във Великата Общност, включва почти всички вероятни възможности.

Вие обаче, все още сте изолирани и не пътувате свободно в космоса. И дори да сте в състояние да достигнете други светове, вселената е огромна и все още никой, с каквато и да е скорост, не е успял да премине от единия до другия край на галактиката. Следователно физическата вселена остава огромна и неразбираема. Никой не може да ръководи нейните закони. Никой не е завладял нейните територии. Никой не е наложил пълен контрол или господство. По този начин, животът има велико и омиротворяващо въздействие. Такава е истината, дори далеч отвъд границите на вашия свят.

Трябва да очаквате, че ще срещате интелигентни същества, които представляват добрите сили, ще срещате сили на невежеството и дори такива, които нямат никакво отношение към вас. В началните си контакти с реалността на Великата Общност обаче, присъединяващи се светове като вашия, винаги и без изключение ще срещат търсачи на ресурси, колективи и такива, които се опитват да извличат полза за себе си.

Положителното мнение за посещенията се определя от човешкото очакване и естественото желание да се приеме добрия изход и да се търси помощ от Великата Общност за проблеми, които човечеството не е било способно да разреши само. Нормално е да имате такива очаквания, по-специално когато разберете, че пришълците имат по-големи възможности от вас. По-голямата част от проблема обаче, е да разтълкувате плановете и намеренията на чуждоземците, защото те се срещат с хора навсякъде, за да демонстрират своето присъствие тук, като напълно положително и полезно за човечеството.

◆

"Ако тази Интервенция е в напреднала фаза, защо не дойдохте по-рано?"

Преди много години, няколко различни групи от нашия съюз са посетили вашия свят, за да ви предоставят съобщение на надеждата и да подготвят човечеството. Но уви, тяхното съобщение не е било разбрано и е било използувано от тези, които са се срещнали с тях. Непосредствено след тяхното пристигане, пришълците от колективите също са дошли тук. Това е, защото вашия свят е прекалено ценен и както казахме, не се намира в отдалечен регион на вселената. Вашият свят е наблюдаван от много дълго време от тези, които ще се опитат да го използуват в своя полза.

◆

"Защо нашите съюзници не прекратят Интервенцията?"

Ние сме тук само да наблюдаваме и да съветваме. Големите решения ще бъдат осъществени от вас. Никой друг не може да вземе тези решения вместо вас. Дори големите ви приятели отвъд вашия свят не биха се намесили, защото ако го сторят, това би предизвикало военни действия и вашия свят би могъл да се превърне в бойно поле на противостоящи сили. И ако евентуално вашите приятели надделеят в този конфликт, вие ще бъдете напълно зависими от тях, неспособни да се грижите за себе си и да запазите своята сигурност и свобода във вселената. Ние не познаваме доброжелателна раса, която би желала да носи такова бреме. И това на практика няма да бъде във ваша полза, защото вие ще се превърнете във васална раса на чужда сила и ще бъдете ръководени от разстояние. Това по никакъв начин не е във ваша полза и затова не се случва. Пришълците обаче, ще се представят за спасители и приятели на човечеството. Те ще използуват вашата наивност. Те ще заложат на вашите очаквания и ще се опитат да се облагодетелсвуват напълно от вашето доверие.

Следователно дълбокото ни желание е нашите думи да бъдат противосредство за тяхното присъствие и за тяхната манипулация. Вашите права са нарушени. Територията ви е инфилтрирана. Правителствата ви са подведени и религиозните ви идеологии и импулси са пренасочени.

Гласът на истината е наложителен в този случай и ние вярваме, че можете да приемете този глас. Надяваме се, че манипулирането ви не е достигнало критичната си точка.

◆

"Какви реалистични цели трябва да си поставим и каква е крайната точка по отношение на спасението на човечеството от загубата на неговата самоидентичност?"

Първо, трябва да сте съзнателни и да бъдете нащрек. Много хора трябва да осъзнаят, че Земята е посещавана многократно и че тук има извънземни сили, които действат тайно, опитвайки се да прикрият истинските си намерения от човешкото разбиране. Трябва да бъде пределно ясно, че присъствието им тук е голямо предизвикателство за човешката свобода и самоопределяне. Планът, който те развиват и Мирната Програма, която спонсорират, трябва да бъдат парирани мъдро и трезво. Това противопоставяне трябва да започне. Има много хора по света сега, които могат да осъзнаят това. Следователно първата стъпка е съзнателност.

Следващата стъпка е образование и обучение. Необходимо е хора от различни нации и култури да учат за Великата Общност и да разберат срещу какво се изправяте дори в този момент.

Следователно реалистичната цел е съзнателност и обучение. Това, само по себе си ще попречи на плановете на пришълците на света. В момента, те се сблъскват с минимална съпротива и срещат много малко проблеми и пречки в своята дейност. Всички тези, които ги разглеждат като "съюзници на човечеството" трябва да разберат, че това не е истина. Нашите думи вероятно няма да са достатъчни да ви убедят, но това е само началото.

◆

"Къде и как можем да се подготвим?"

Можете да го сторите в Пътя на Знанието на Великата Общ-
ност, който е даден на света. Въпреки че предствлява ново разби-
ране за живота и духовността във вселената, той е свързан с всички
истински духовни пътища, които вече съществуват във вашия свят
- духовни пътища, които ценят човешката свобода и значението
на истинската духовност, сътрудничеството, мира и хармонията в
човешкото семейство. Следователно учението за Пътя на Знанието
зове истината, която вече съществува във вашия свят, като и дава
широк контекст и арена за изява. По този начин, Пътя на Знанието
от Великата Общност не измества световните религии, а осигурява
по-широка перспектива пред тях, за да могат те да бъдат наистина
смислени и приложими в това време.

◆

"Как да предадем вашето съобщение на другите?"

Истината е във всяка личност. Ако сте в състояние да откриете
тази истина, тя ще укрепне, ще отекне и ще въздейства на другите.
Огромната ни надежда, надеждата на Невидимите, духовните сили
служещи във вашия свят, както и надеждата на тези, които ценят
човешката свобода и желаят да видят успешното ви присъединя-
ване към Великата Общност, зависи от тази истина, която съще-
ствува във всяка личност. Ние не можем да форсираме това съзна-
ние във вас. Ние само можем да ви го разкрием и да вярваме на

величието на Знанието, дадено ви от Създателя и даващо ви възможност да откликнете.

◆

"Къде е скрита човешката сила за отпор на Интервенцията?"

Първо, изхождайки от наблюдението на вашия свят и от информацията, дадена ни от Невидимите, независимо от огромните проблеми в света, все още съществува достатъчно свобода, която да ви осигури основа за отпор на Интервенцията. Това контрастира с много други светове, където личната свобода никога не е била установена. Всички тези светове се срещат с външни сили и възможността за установяване на свобода и независимост в тях е много малка.

Следователно вие притежавате голяма сила в лицето на човешката свобода, която е позната във вашия свят и е оценена от много, но не от всички хора. Вие знаете, че имате нещо, което можете да загубите. Оценявайте това, което имате вече, доколкото е установено. Не трябва да бъдете ръководени от външни сили. Не трябва да бъдете ръководени грубо дори от човешките власти. Следователно това е началото.

На следващо място, реалността на Знанието е вече установена, защото вашият свят притежава богати духовни традиции, които са подхранвали Знанието в личността и са се грижили за човешкото сътрудничество и разбирателство. Още веднъж, в светове, където Знанието не е познато, възможността то да бъде установено в поврат ната точка на присъединяването им към Великата Общност, има минимални шансове за успех. Знанието е силно в достътъчен брой хора тук на Земята, за да могат те да учат за реалността на живота във Великата Общност и да разберат какво се случва в техния свят в този момент. Това ни дава надежда, защото вярваме в човешката мъдрост. Ние вярваме, че хората могат да надживеят своя егоизъм, своята прекалена ангажираност и прекалената грижа за собствената си сигурност, за да погледнат на живота в по-широк мащаб и да почувстват голямата отговорност за служба на своята раса.

Между другото, вярата ни е необоснована, но ние получихме мъдри съвети от Невидимите по този въпрос. В резултат на това, ние сме в рискова ситуация, бидейки толкова близо до Земята и наблюдавайки събития отвъд вашите граници, които са в пряка зависимост за вашата бъдеща съдба.

Човечеството има голям потенциал. Вие все по-добре осъзнавате проблемите на света - липсата на сътрудничество между народите, унищожаването на околната среда, изчерпващите се природни ресурси и т.н. Ако не знаехте за тези проблеми, ако тази действителност е била скрита за вас до степен, да нямате идея за съществуването на тези неща, тогава ние не бихме били толкова обнадеждени. Човечеството обаче, има потенциала да се противопостави на всякаква интервенция на света.

◆

"Ще прерасне ли тази Интервенция във военна инвазия?"

Както посочихме вече, вашият свят е прекалено ценен, за да подтикне към военни действия. Никой, който е дошъл тук, не би искал да унищожи инфраструктурата и природните ресурси в този свят. Това е причината, пришълците да не желаят да унищожат човечеството, а да включат хората в служба на своите колективи.

Силата на стимулирането, подстрекателството и убеждението, а не военната намеса са заплаха за вас. Тази заплаха ще укрепва от вашата слабост, в кооперация с вашия егоизъм и невежество за живота във Великата Общност и от слепия ви оптимизъм, относно вашето бъдеще и значението на живота отвъд вашите граници.

За да се противопоставим на това, ние осигуряваме образование и говорим за значението на подготовката, която е пратена на света в този момент. Ако вие не бяхте свободни и не знаехте за проблемите във вашия свят, то ние нямаше да ви поверим тази подготовка и нямаше да имаме самочувствието, че нашите слова ще отекнат с истината, която знаете.

◆

"Можете ли да въздействате върху хората, както го правят пришълците, но в полза на доброто?"

Нашето намерение не е да влияем и въздействаме на личностите. Нашето намерение е само да представим проблемите и действителността към която се присъединявате. Невидимите осигуряват значението на подготовката, защото тя идва от Създателя на живота. Така Невидимите въздействат на личността за добро. Има и някои ограничения обаче. Както казахме, вашето самосъзнание трябва да се укрепи. Трябва да станете по-силни. Вашето сътрудничество трябва да се поддържа и развива.

Съществува граница относно това, колко голяма може да бъде нашата помощ. Нашата група е малка. Ние не крачим сред вас. Следователно разбирането за новата реалност, трябва да се предава от човек на човек. Тя не може да ви се даде насила от чужда раса, дори да е за ваше добро. Следователно ние не бихме подкрепили вашата свобода и себеопределеност, ако участвахме и съдействахме в такава програма за убеждение. В този случай, не можете да действате като деца. Трябва да пораснете и да станете отговорни. Вашата свобода е подкопана и застрашена. Вашият свят е застрашен. Нужно е съдействие и сътрудничество между вас в този момент.

Сега имате огромната възможност да обедините своята раса, защото никой от вас не може да има полза и да бъде добре, ако другите около него не са. Никоя нация няма да спечели, ако друга съседна нея, попадне под външен контрол. Човешката свобода трябва да бъде пълна. Взаимопомоща трябва да се случва във всяко кътче на земното ви кълбо, защото сега всички сте в еднакво положение. Пришълците не фаворизират една група пред друга или една раса пред друга. Те търсят единствено пътя на най-слабата съпротива, за да установят своето присъствие и господство във вашия свят.

◆

"Колко напреднало е тяхното внедряване в човечеството?"

Пришълците имат забележително присъствие в най-напредналите нации във вашия свят и по-специално в Европа, Русия, Япония и САЩ. Това са най-стабилните и богати нации, притежаващи най-голяма сила и влияние. Това са страните, където пришълците ще се концентрират. Те обаче отвличат хора по целия свят и развиват Мирната си Програма с тези, които отвличат, ако тези личности откликнат на тяхното въздействие. Следователно присъствието на пришълците е по целия свят, но е концентрирано най-вече в тези страни, с които те се надяват да бъдат съюзници. Това са страни, правителства и религиозни лидери, които притежават най-голямата власт и които господстват и влияят върху мислите и убежденията на хората.

◆

"С колко време разполагаме?"

С колко време разполагате? Имате още време, но точно колко още, ние не можем да определим. Ние дойдохме със спешно съобщение. Това не е проблем, който може да се заобиколи, отхвърли или отложи във времето. От наша гледна точка, това е най-належащото предизвикателство, срещу което се изправяте. Това е най-важното нещо в момента, проблем от първостепенно значение за вас. Вие сте закъснели с подготовката си. Това забавяне е причинено от много фактори извън вашия контрол. Все още обаче, имате време да отговорите. Изходът не е ясен, но все още имете шанс да успеете.

◆

"Как да се фокусираме върху тази Интервенция, когато съществуват много други глобални проблеми в света?"

Първо, според нас в момента няма по-належащ и по-важен за решаване проблем от този в света. От наша гледна точка, ако загубите свободата си, няма да можете да решавате самостоятелно нито един въпрос и проблем в бъдещето. Какво бихте могли да се надявате, че ще спечелите? Какво бихте могли да постигнете или осигурите, ако не сте свободни във Великата Общност? Всички ваши постижения ще бъдат дадени на вашите нови управници; цялото ви богатство ще им бъде дарено. И въпреки, че вашите пришълци не са жестоки, те са напълно отдадени на своите планове. Те ви оценяват само дотолкова, доколкото можете да бъдете полезни за тяхната кауза. Това е причината да чувстваме, че няма по-належащ проблем във вашия свят в този момент.

◆

"Кой би могъл да откликне на тази ситуация?"

Днес има много чувствителни хора по света, с наследено знание от Великата Общност. Има много други, които са отвличани от пришълците, но не са се поддали на техните убеждения и планове. И има също така много други, които са загрижени за бъдещето на света и осъзнават опасностите, срещу които се изправя човечеството. Хората в тези три категории, най-вероятно ще бъдат едни от първите, които ще откликнат на реалността във Великата Общност и на подготовката за Великата Общност. Тези хора могат да бъдат от всяка сфера на живота, от всяка нация, от всяка религиозна традиция и икономическа група. Те са по целия свят. На тях и на техния отговор разчита Голямата Духовна Сила, която се грижи и съдейства за успеха и щастието на човечеството.

◆

"Вие споменахте за отвлечени хора по целия свят. Как да се защитят те, за да не бъдат отвлечени?"

Колкото по-напреднали сте със Знанието и колкото по-съзнателни сте за присъствието на пришълците, толкова по-малко желани сте за техните изследвания и манипулации. Колкото повече използувате срещите си с тях, за да проникнете в тяхната същност, толкова по-голяма опасност представлявате за тях. Както вече казахме, те търсят пътя с най-малка съпротива. Те търсят личности, които са отстъпчиви и податливи. Те се нуждаят от тези, които ще им създават най-малко проблеми и грижи.

Ако сте силни със Знанието, вие ще бъдете отвъд техния контрол, защото те няма да могат да използуват съзнанието или сърцето ви. И с времето ще започнете да прониквате в съзнанието им, което те не желаят. Тогава вие ще бъдете заплаха и предизвикателство за тях и те ще ви отбягват доколкото могат.

Пришълците не желаят да бъдат разкрити. Те не желаят конфликт. Те са сигурни, че могат да постигнат своите цели, без сериозна съпротива от страна на човешкото семейство. Веднъж обаче, когато такава съпротива е предприета, веднъж когато силата на Знанието е пробудена в отделната личност, пришълците ще се изправят пред много по-мъчно преодолими препятствия. Тяхната интервенция ще се разстрои и ще стане трудно осъществима. По-трудно ще бъде за тях да въздействат върху тези, които са на власт. Следователно най-важното в случая е отговора и посвещението на отделната личност.

Осъзнайте присъствието на пришълците. Не се поддавайте на убежденията, че присъствието им тук е от духовно естество или, че има положително влияние за спасението на човечеството. Дайте отпор на убежденията. Възстановете вътрешния си баланс и силата, най-великия дар, който ви е даден от Създателя. Превърнете се в сила с която всеки, който престъпва вашите граници или отхвърля и незачита изконните ви права, трябва се съобразява.

Това е проявлението на Духовната Сила. Волята на Създателя е човечеството да се присъедини към Великата Общност, да бъде обединено и свободно от външни интервенции и господства. Волята Божия е също така, да се готвите за бъдещето, което няма да бъде като миналото ви. Ние сме тук в служба на Създателя и нашето присъствие и нашите слова служат на тази цел.

◆

*"Ако пришълците се натъкнат на отпор от страна на
човечеството или на отделни личности, ще се оттеглят
ли те или ще увеличат своята численост?"*

Техният брой не е толкова голям. Ако се натъкнат на съпротива, те ще се отдръпнат и ще скроят нови планове. Те са напълно убедени, че плановете им няма да срещнат сериозни затруднения и мисията им ще бъде лесно осъществена. Ако обаче се натъкнат на сериозни затруднения, това ще осуети интервенцията им и те ще трябва да открият нови пътища, за осъществяване на контакти с човечеството.

Ние вярваме, че човечеството може да генерира достатъчно силен отпор и съгласие, за да отблъсне тези влияния. Това е на което ние разчитаме и към което са насочени нашите усилия.

◆

*"Кои са най-важните въпроси, които трябва да отправим към
себе си и към другите, относно проблема за извънземната
намеса?*

Между другото, най-критичните въпроси, които би трябвало да се запитате са, "Ние хората сами ли сме във вселената или в нашия свят? Посетени ли сме в момента? Тези посещения от полза ли са за нас? Трябва ли да се готвим за тях?

Това са изключително важни въпроси и те трябва да бъдат поставени ясно. Има много въпроси обаче, на които не можете да дадете отговор, защото не знаете достатъчно за живота във Великата Общност и още не сте уверени, че имате качествата да противодействате на тези влияния. Много неща липсват в човешкото образование, което е насочено основно към миналото ви. Човечеството излиза от дълго продължилата относителна изолация. Неговото образование, ценности и институции са изградени в условията на тази изолация. С вашата изолация обаче е свършено завинаги. Винаги се е знаело, че това ще се случи. То е неизбежно. Следователно обучението и ценностите ви навлизат в нов контекст, към който те трябва да се пренастроят. И настройката трябва да се осъществи бързо, поради естеството на Интервенцията в света днес.

Ще има много въпроси, на които няма да можете да отговорите. Ще трябва да живеете с тях. Обучението ви за Великата Общност е в самото начало. Трябва да се образовате внимателно и трезво. Трябва да се противопоставяте на тенденциите и опитите ви да правите ситуацията подходяща и възприемчива за вас. Трябва да развиете обективност за живота и да погледнете отвъд личните си сфери на интереси, за да бъдете в позиция да откликнете на големите сили и събития, които формират вашия свят и вашето бъдеще.

◆

"Какво ще се случи ако достатъчен брой хора не могат да откликнат?"

Ние сме уверени, че достатъчно хора от вас могат да откликнат и да започнат своята подготовка относно живота във Великата Общност, за да бъдат те надежда и обещание за човешкото семейство. Ако това не бъде постигнато, тогава тези, които ценят свободата си и имат такава подготовка, ще трябва да се оттеглят. Те ще трябва да пазят Знанието живо на света, докато светът попада под абсолютния контрол на иноземците. Това е неприятна алтернатива, но подобно нещо се е случвало в много други светове във вселената. Възстановяването на свободата след подобно развитие на събитията е много трудно. Надяваме се, вашата съдба да не бъде такава и затова сме тук, осигурявайки ви тази информация. Както вече казахме, има достатъчно хора по света, които могат да откликнат, за да отблъснат намеренията на пришълците и да осуетят тяхното влияние върху човешките дела и човешките ценности.

◆

" Вие говорите за други светове, присъединяващи се към Великата Общност. Можете ли да кажете нещо за успехите и паденията, които биха могли да се случат с нас?"

Успехите са налице или ние нямаше да сме тук. Аз, като говорител на нашата група, бих споделил за дълбоката инфилтрация осъществена в нашия свят, която ние пропуснахме да разкрием навреме. Подготовката ни беше незабавна, благодарение на група, подобна на нашата, която дойде и ни информира за моментната ситуация, в която се намирахме. В нашия свят имаше извънземни, които търгуваха с нашите ресурси и взаимодействаха с нашето правителство. Тези, които бяха на власт тогава, бяха убеждавани, че търговията и бизнеса с пришълците ще бъдат в наша полза, защото бяхме започнали да изпитваме недостиг на ресурси. Въпреки че нашата раса беше обединена, не като вашата, ние станахме напълно зависими от новата технология и от възможностите, които ни бяха предоставени. И когато това се случи, властта попадна в чужди ръце. Ние се превърнахме в клиенти, а пришълците в доставчици. С течение на времето ни бяха наложени различни условия и ограничения, много фини и незабележими в началото.

Религиозните ни вярвания бяха също така повлияни от пришълците, които първоначално демонстрираха интерес към нашите духовни ценности, но впоследствие пожелаха да ни посветят в нови виждания и разбирания, базирани на колективите и на сътрудничеството между съзнанията, мислейки в унисон и хармония помежду си. Това беше представено на нашата раса като постижение и като форма на изразяване на духовността. Някои от нас се поддадоха и понеже бяхме предупредени от нашите съюзници отвъд, съюзници каквито сме и ние за вас, ние предприехме съпротивително движение и с течение на времето, успяхме да принудим пришълците да напуснат нашия свят.

Оттогава, ние научихме много неща за Великата Общност. Търговията, която осъществяваме е много селективна и с много малко чужди раси. Ние успешно отбягваме колективите и по този начин запазваме свободата си. Въпреки това обаче, нашата независимост дойде след много трудности, защото много от нас загубиха живота си в този конфликт. Нашата история е пример за успех, който обаче имаше много висока цена. Има и други в нашата група, които са изпитвали подобни трудности в техните контакти с намесващи се сили от Великата Общност. И понеже се научихме да пътуваме отвъд нашите граници, ние успяхме да открием съюзници там. Ние можахме да разберем какво означава духовност във Великата Общност. Невидимите, които служат на нашия свят също така, ни помогнаха да осъществим тази огромна трансформация от изолацията до съзнанието на Великата Общност.

Съществуват обаче и много неуспехи, които ни държат нащрек. Култури, в които местените индивиди не са установили личностна свобода или не са вкусили от плодовете на сътрудничеството, въпреки технологичния си напредък, не са успели да установят своята независимост във вселената. Способността им да се съпротивляват на колективите е много ограничена. Тези общества, подведени от обещания за огромна власт, технология и богатства, са били заслепени от бъдещи печалби в търговията във Великата Общност и в резултат на това са загубили своето самоуправление. Накрая, те са станали напълно зависими от тези, които са им доставяли ресурси и които са установили контрол върху техните ресурси и тяхната инфраструктура.

Вероятно можете да си представите какви са последствията в такъв случай. Дори във вашия свят, съгласно вашата история, вие сте били свидетели на това, как малки народи попадат под властта на големи нации. Вие можете да видите това и днес. Следователно тези неща не са непознати за вас. Във Великата Общност, както и във вашия свят, силните доминират над слабите, ако могат. Това е същността на живота навсякъде във вселената. И това е причината, ние да окуражаваме вашето съзнание и вашата подготовка, за да станете силни и да укрепите свободната си воля.

Да научат, че свободата е рядко явление във вселената, за някои от вас вероятно ще бъде ужасно разочарование. Когато нациите станат по-силни и напреднат технологично, те изискват по-голяма еднородност и съгласие от своите граждани. Когато се присъединят към Великата Общност и се включат в делата и, толерантността към индивидуалната изява намалява до там, че нации притежаващи богатство и власт, са управлявани строго и взискателно, което вие бихте определили като противно и отблъскващо.

Ако желаете да упражнявате естествената си мъдрост, трябва да разберете, че технологичния и духовния напредък са две различни неща.

Вашият свят е оценяван много високо. Той е изключително биологично богат и разнообразен. Вие притежавате огромно богатство, което трябва да опазите, ако желаете да бъдете негови стопани и наследници. Погледнете всички тези хора във вашия свят, които са загубили свободата си, защото живеят на места, високо оценявани от други. По този начин сега е застрашено цялото човешко семейство.

◆

"Как да сме сигурни, че това което виждаме е реално, когато пришълците са толкова умели във визуализирането на мисли и могат да въздействат върху мисловната среда на хората?"

Единствената основа за мъдро действие е чрез развиването на Знанието. Ако сляпо вярвате на това което виждате, ще вярвате само на това, което ви се показва. Както ни беше казано, много от вас имат такова виждане по въпроса. Но ние разбрахме, че мъдрите трябва да изграждат по-дълбока проницателност и прозорливост. Вярно е, че пришълците могат да прожектират образи на ваши светци и религиозни фигури. Въпреки, че не е честа практика, това естествено може да се използува за пораждане на обвързаност и преданост от тези, на които вече са втълпени такива вярвания. В този случай духовността ви бива уязвима и трябва да използувате цялата си мъдрост, за да се противопоставите на тези въздействия.

Създателят ви е дарил Знание, което да бъде основа за истинска прозорливост. Ще знаете това, което виждате, ако се попитате дали то е реално. За да сторите това обаче, трябва да имате здрава основа и затова е толкова важно да изучавате Пътя на Знанието и Духовността във Великата Общност. Без това, хората ще вярват в това, което искат да вярват и ще разчитат на това, което виждат и това, което им се показва. Техният потенциал за свобода е вече загубен, защото никога не е могъл да разцъфти напълно свободно.

◆

" Вие говорите за това, че Знанието трябва да се пази живо на света. Колко от нас ще са необходими за осъществяването на тази цел?"

Ние не можем да ви дадем точната бройка, но това трябва да бъдат достатъчно хора, които да генерират глас във вашите култури. Ако това съобщение се приеме само от няколко личности, те няма да са достатъчни, за да генерират този глас и тази сила. Те трябва да споделят своята мъдрост. Това не е само за тяхното собствено развитие. Много други от вас също така, трябва да научат за това съобщение и много други могат да го получат днес.

◆

"Съществува ли риск за вас затова, че представяте това съобщение?"

Винаги съществува риск, когато се показва истината, не само във вашия свят, но навсякъде във вселената. Хората печелят от обстоятелствата, които съществуват в момента. Пришълците ще предложат облаги и преимущества на тези от вас във властта, които могат да ги приемат и които не са силни със Знанието. Хората свикват с тези предимства и живеят с тях. Това ги кара да се съпротивляват на истината и дори да бъдат враждебно настроени към нея, истината, която ги зове да служат на другите и застрашава основите на тяхното богатство и постижения.

Затова ние сме на тайно място и не присъстваме във вашия свят. Без съмнение пришълците биха ни унищожили, ако разкрият нашето присъствие. Но човечеството също може да стори това, заради информацията, която представяме и заради предизвикателството и новата реалност, която разкриваме. Не всеки е готов да получи истината, въпреки че тя е изключително необходима и нужна.

◆

"Могат ли личностите, които са силни със Знанието да въздействат на пришълците?"

Шансовете ви за успех са нищожни. Вие сте изправени срещу колективи от същества, които са създадени да бъдат сервилни и чийто живот и опит обхващат и са породени от колективното мислене. Те не мислят самостоятелно. Затова ние не считаме, че можете да им повлияете. Има някои от вас, които са достатъчно силни, за да сторят това, но дори в този случай шансовете ви за успех са много ограничени. Така че, отговорът на този въпрос е "Не". По този начин, вие не можете да им въздействате и да ги победите.

◆

"По какъв начин колективите се различават от обединеното човечество?"

Колективите включват индивидуалности от различни раси и такива, които са създадени и обучени да служат на тези раси. Много от съществата с които се срещате, са създадени от колективите за да им служат. Тяхното генетично наследство е загубено за тях. Те са създадени да служат, така както вие създавате нови животински раси, за да ви служат. Човешката взаимопомощ, която ние подкрепяме и поощряваме е сътрудничество, което запазва самоопределеността на личността и осигурява силна позиция, от която хората могат да си взаимодействат не само с колективите, а и с други, които ще навестяват вашия свят в бъдещето.

Колективите имат една вяра, един набор от принципи и едно ръководство. В тях се набляга върху една идея и един идеал. Това е заложено не само в обучението, но и в генетичния код на вашите посетители. Затова те действат по този начин. Това е тяхната сила и тяхната слабост. Те притежават изключителна сила в мисловната среда, защото мисълта им е единна. Но слабостта им е в това, че не могат да мислят самостоятелно. Те не могат да се справят със сложни ситуации и с бедствия по най-добрия начин. Мъж или жена на Знанието, биха били неразбираеми за тях.

Човечеството трябва да се съюзи, за да запази свободата си, но това е доста различно обединение от обединението на колективите. Ние ги наричаме "колективи", защото те представляват колектив или обединение от различни раси и националности. Колективите не са съставени от една раса. Въпреки, че във Великата Общност съществуват много раси, ръководени от централна власт, колективите са организации, които се простират отвъд пределите на една раса или един народ.

Колективите притежават огромна мощ. Те обаче си съперничат помежду си, което не дава възможност на нито един от тях да бъде доминиращ. Някои раси и нации във Великата Общност са в дългогодишни и трудно преодолими спорове едни с други. Те спорят за ресурси, както и затова на кого да продават и от кого да купуват тези ресурси. Но колективите са нещо различно. Както вече споменахме, те не са изградени от една раса или един свят, а са резултат от завоевания и доминация. Затова и вашите "гости" представляват същества от различни раси и имат различни нива на власт и управление.

◆

*"Запазили ли са личната свобода на мисълта интелигентните
същества от други светове, които са се обединили
успешно?"*

Донякъде. Едни от тях в голяма степен, други не дотам, в за-
висимост от своята история, физиологично състояние и нужди за
оцеляване. Вашият живот на този свят е бил относително лесен в
сравенение с този на други раси. Повечето от световете, в които
съществува интелигентен живот, са били колонизирани, защото не
са много планетите като вашата, които притежават толкова разно-
образен и богат биологичен ресурс. Тяхната свобода до голяма сте-
пен зависи от богатството на околната им среда. Някои от тях оба-
че, са успели да осуетят чуждата инвазия и са установили свои тър-
говски маршрути, комуникация и отношения, базирани на тяхното
самоопределяне. Това е рядко постижение и трябва да бъде спече-
лено и отстоявано.

◆

"Каква ще бъде цената на човешката обединеност?"

Човечеството е много уязвимо във Великата Общност. С тече-
ние на времето тази уязвимост може да насърчи фундаменталното
сътрудничество между човешкото семейство, защото вие трябва да
се включите и обедините, за да оцелеете и да напредвате. Това е да
имате съзнание от Великата Общност. Ако то е базирано на прин-
ципите на човешкия принос, свобода и самоизява, тогава вашето

себеизразяване може да бъде много силно и богато. За това обаче, е нужно голямо сътрудничество на света. Хората не могат да живеят сами или да поставят своите цели над нуждите на останалите. Някои биха определили това като загуба на свободата си. Ние го разглеждаме като гаранция за бъдеща свобода. Защото виждайки сегашното отношение на хората във вашия свят, бъдещата ви свобода ще бъде много трудно запазена и поддържана. Бъдете предпазливи. Тези, които са управлявани от егоизма си, са перфектните кандидати за чуждо въздействие и манипулация. Ако са на важни позиции, които им осигуряват власт, те ще предадат богатствата, свободата и ресурсите на народите си, за да спечелят предимства за себе си.

Следователно нужно е голямо сътрудничество. Вие естествено можете да видите това. То е очевидно и във вашия свят. Но това е много по-различно от живота на колективите, където расите са доминирани и контролирани и където тези, които сътрудничат, са приети в колективите, а тези, които не желаят, са унищожени или отчуждени. Със сигурност такова обединение, въпреки своето влияние, не може да бъде полезно за своите членове. Въпреки това обаче, много от световете във Великата Общност са избрали този път. Ние не бихме желали да видим човечеството като част от такава организация. Това би било голяма загуба и трагедия.

◆

"По какво се различава човешката перспектива от вашата?"

Една от разликите е, че ние сме развили перспектива от Великата Общност, която е не толкова егоцентричен начин за приемане на света. Това е гледна точка, която дава яснота и осигурява голяма увереност относно по-малките проблеми, с които се сблъсквате всеки ден. Ако можете да разрешите голям проблем, то можете да сторите това и с по-малък такъв. Вие имате огромен проблем. Това е проблем за всяко човешко същество от този свят. Той може да ви обедини и да ви даде възможност да преодолеете дългогодишните различия и конфликти. Толкова огромен и мощен е той. Затова ние казваме, че съществува възможност за изкупление в условията на заплаха за вашето добруване и за вашето бъдеще. Ние знаем, че силата на Знанието в индивида може да възстанови този индивид и всичките му взаимоотношения на по-висока степен на осъществяване, познание и умение. Вие ще трябва да откриете това за себе си.

Нашият живот е много различен и едно от тези различия е, че той е отдаден на служба, която ние сме избрали. Ние имаме свободата да избираме и нашия избор е истински и значим, защото се базира на нашите разбирания. Нашата група обхваща представители на няколко различни свята. Ние дойдохме обединени, за да служим на човечеството и представляваме велик и духовен по своята същност съюз.

◆

"Това съобщение се предава на един мъж. Ако то е толкова важно, защо не контактувате с всеки от нас?"

Това е въпрос на ефикастност. Ние не контролираме тези, които са определени да получат това съобщение. Това е задача на Невидимите или на тези, които вие с право наричате "Ангели". Ние също ги намираме за такива. Те са избрали тази личност, заради неговите качества и заради неговото наследство във Великата Общност. Ние сме радостни, че имаме някой, с когото да контактуваме. Ако говорим с много, те биха спорили по между си и съобщението би могло да бъде объркано и загубено.

От собственото си обучение разбираме, че предаването на духовна мъдрост се осъществява чрез една личност, с помоща на други. Тази личност трябва да носи бремето, риска и тежестта на това, да е избрана. Ние изпитваме уважение за това, което прави той и разбираме тежестта на неговия товар. Това ще бъде разбрано погрешно, между другото и затова мъдрите трябва да останат скрити. Ние трябва да останем скрити. Той трябва да остане скрит. По този начин, съобщението може да бъде предадено и месията да бъде опазен, защото ще има много агресия срещу съобщението. Пришълците ще му се противопоставят и го правят вече. Тяхната съпротива може да бъде сериозна, но ще бъде насочена предимно към месията. Затова месията трябва да бъде защитен.

Ние сме наясно, че отговорите на тези въпроси ще предизвикат нови въпроси. И много от тях няма да получат отговори за дълго време. Мъдрите навсякъде трябва да живеят с въпроси, на които

още не могат да отговорят. Чрез тяхното търпение и последовател-
ност, истинските отговори се появяват и те могат да ги преживеят
и да ги въплатят.

Човечеството е пред прага на ново начало. То е изправено пред гибелна ситуация. Нуждата от ново обучение и разбиране е първостепенна. Ние сме тук, за да служим на тази нужда по молба на Невидимите. Те разчитат на нас, за да споделим нашата мъдрост, защото ние, както и вие, живеем във физическа вселена. Ние не сме ангели. Ние не сме перфектни. Ние още не сме достигнали големите висоти в духовността и реализацията. И следователно ние вярваме, че нашето съобщение за вас, относно Великата Общност, ще бъде по-приложимо и по-лесно получено. Невидимите знаят много повече от нас за живота във вселената и за етапите на напредъка и реализацията, които са познати и практикувани на много места. Те обаче ни казаха да говорим за реалността във физическия живот, защото ние живеем в него. И ние научихме от собствения си опит и от грешките си, за важността и значението на това, което ви споделяме.

Ние идваме като Съюзници на Човечеството, защото сме такива. Бъдете благодарни, че имате съюзници, които могат да ви помогнат, да ви обучат и да подкрепят усилията ви, свободата и реализацията ви. Защото без тази помощ, шансовете ви за успех при извънземното проникване, което е във вашия свят днес, ще бъдат много ограничени. Да, вероятно ще има малко на брой личности, които ще разберат действителната ситуация, но бройката им няма да бъде достатъчна и гласовете им няма да бъдат чути.

Затова ние желаем само да ни вярвате. Ние се надяваме, чрез мъдростта на нашите думите и възможността, която имате, да разберете тяхното значение и практическата им приложимост, че можем да спечелим вашето доверие с времето, защото имате съюзници във Великата Общност. Имате големи приятели отвъд този свят, приятели, които са страдали и изпитали това, с което вие се сблъсквате сега и са постигнали успех. Ние бяхме подкрепени и затова сега трябва да помагаме на другите. Това е нашето свещено споразумение. Това е нещото, на което сме изцяло посветени.

РАЗРЕШЕНИЕТО

ПО СВОЯТА СЪЩНОСТ,

РАЗРЕШЕНИЕТО НА ВЪПРОСА С ИНТЕРВЕНЦИЯТА НЕ Е В

ТЕХНОЛОГИЯТА, ПОЛИТИКАТА ИЛИ ВОЕННАТА СИЛА.

То е в обновлението на човешкия дух.

То е в това, хората да бъдат съзнателни за Интервенцията и да говорят срещу нея.

То е в прекратяване на изолацията и подигравките, които държат хората далеч от възможността да покажат това, което знаят и което са видели.

То е във възможността да се преодолее страха, отричането, фантазията и заблудата.

То е в това, хората да станат силни, съзнателни и отговорни.

Съюзниците на Човечеството осигуряват ценен съвет, който да ни позволи да разпознаем Интервенцията и да отблъснем нейното влияние. За да сторим това, Съюзниците ни съветват да упражняваме и тренираме естествената си интелигентност и правото ни да осъществим нашата съдба на свободна раса във Великата Общност.

Време е да започнем.

ИМА НОВА НАДЕЖДА
НА СВЕТА

Надеждата на света е възстановена отново от тези, които са станали силни със Знанието. Надеждата може да повехне и след това да бъде възродена отново. Може да изглежда, че тя идва и си отива в зависимост от това, дали хората са стабилни и какво избират за себе си. Надеждата започва с вас. Само защото Невидимите са тук, не означава че има надежда, защото без вас, надеждата не съществува. Вие носите надежда за вас и за другите на света, защото се учите да получавате даровете на Знанието. Това носи нова надежда на света. Вие между другото, не можете да видите напълно това в този момент. То изглежда отвъд вашите разбирания. Но от по-голяма перспектива, това е напълно вярно и е много важно.

Присъединяването на света към Великата Общност говори за това, защото ако никой не се готвеше за Великата Общност, надеждата би била загубена. И тогава човешката съдба би изглеждала изключително ясна и предсказуема. Но поради това, че съществува надежда на света, поради това, че има надежда във вас и в другите като вас, които откликват на великия зов, съдбата на човечеството има велико бъдеще и би могла да бъде осигурена.

◆

ОТ СТЪПКИТЕ КЪМ ЗНАНИЕТО-ПРОДЪЛЖАВАЩ ТРЕНИНГ

Съпротива

и

Пълномощия

◆

СЪПРОТИВА И ПЪЛНОМОЩИЯ

Етика на Контакта

Във всяка страница Съюзниците ни окуражават да играем активна роля в разкриването и съпротивата на извънземната Интервенция, която се случва в нашия свят днес. Това означава да прозрем нашите права и предимства като туземно население на този свят и да установим наши собствени Правила на Поведение, засягащи всички настоящи и бъдещи контакти със същества от други раси.

Наблюдавайки естествения свят и връщайки се назад, човешката история щедро ни разкрива уроците на интервенцията: че надпреварата за ресурси е важна част от действителността, че интервенция на една култура над друга е винаги с някакъв интерес и играе пагубна роля върху културата и свободата на хората, както е доказано, че когато могат, силните винаги доминират над слабите.

Докато не се докаже, че тези гостуващи раси могат и да са изключение от това правило, на човечеството трябва да бъде предоставено правото, само да предлага визитите. Това обаче, естествено не се случва. В замяна на това, от началото на Контакта до сега, нашите собствени права на туземно население на този свят са заобикаляни. "Гостите" преследват собствените си планове, без да зачитат мнението на човечеството и без да осведомят за своето присъствие.

Както Документите на Съюзниците, така и повечето от НЛО/Извънземни разследвания ясно посочват, че етичен контакт не съществува. Докато би било умесно за чуждите раси да споделят своя опит и мъдрост с нас, както го правят Съюзниците, не е умесно за чуждите раси да идват тук непоканени и да се опитват да се намесват в човешките дела, дори под предтекст, че ще ни помогнат. Имайки предвид състоянието на младата човешка раса, това не е етично начинание.

Човечеството не е имало възможността да установи свои собствени Правила на Поведение или граници, които всяка местна раса би трябвало да осъществи за собствената си сигурност и безопасност. Осъществяването на това, ще поощри човешката сплотеност и сътрудничество, защото ние ще трябва да действаме заедно, за да го постигнем.

Тези действия трябва да са подплатени със съзнанието, че сме една раса и споделяме един свят, че не сме сами във вселената и че нашите граници в космоса трябва да бъдат установени и отстоявани. За съжаление, този процес е осуетен в момента.

Трябва да се окуражи подготовката на хората за тази реалност на живота във Великата Общност и с тази цел са пратени Документите на Съюзниците. Разбира се, съобщението на Съюзниците към човечеството е демонстрация на това, какво означава етичен контакт. Те се придържат към ненамеса, уважавайки нашите възможности и власт и окуражавайки свободата и сплотеността, от които хората ще имат нужда, за да направляват своето бъдеще във Великата Общност. Докато много хора днес се съмняват във възможността, че човечеството има силата и почтеността да се справи само с предизвикателствата и нуждите на бъдещето, Съюзниците ни убеждават, че тази сила, духовната сила на Знанието живее в нас и че ние трябва да я използуваме в своя полза.

Подготовката за присъединяването ни към Великата Общност ни е предоставена. Двата набора Документи на Съюзниците и книгите за Пътя на Знанието във Великата Общност са достъпни за читателите по целия свят. Те могат да бъдат открити на www.alliesofhumanity.org/bg и www.newmessage.org/bg.

Двете заедно осигуряват значението от отклоняване на Интервенцията и изправянето ни пред променящия се свят пред прага на космоса. Това е единствената по рода си подготовка на света днес. Това е подготовката, за която Съюзниците говорят толкова загрижено.

В отговор на Документите на Съюзниците, група отдадени читатели са създали документ наречен Декларация за Човешкия Суверенитет. Копие на Декларацията на Независимостта на САЩ, Декларацията за Човешкия Суверенитет установява Етиката на Контакта и Правилата на Поведение от които ние, като местна раса на света се нуждаем сега, за да опазим човешката свобода и независимост. Като местно население на този свят, ние имаме правото и отговорността да определим кога и как ще се случват посещенията и кой може да посети нашия свят. Ние сме длъжни да увсдомим всички раси и групи във вселената, които знаят за нашето присъствие, че сме твърдо решени и желаем да упражняваме правата и отговорностите си на свободна и присъединяваща се към Великата Общност раса. Декларацията за Човешкия Суверенитет може да бъде прочетена онлайн на www.humansovereignty.org.

СЪПРОТИВА И ПЪЛНОМОЩИЯ

Действия - Какво можете да сторите

◆

Съюзниците ни съветват да действаме за благополучието на нашия свят и по този начин ние също да се превърнем в Съюзници на Човечеството. Но за да бъде истински, този ангажимент трябва да дойде от нашето съзнание, най-дълбоката част от нас. Много неща могат да бъдат сторени, за да се отблъсне Интервенцията и да се превърнем в положителна сила, като станем силни и помогнем на другите около нас да станат такива.

Някои читатели вероятно са изразили чувство на безпомощност, след като са прочели материала на Съюзниците. Ако това сте почувствали и вие, то помнете, че намерението на Интервенцията е да ви въздейства да се почувствате както надяващи се и обнадеждени, така и безпомощни и неспособни пред тяхното присъствие. Не позволявайте да бъдете убеждавани по този начин. Ще станете силни, когато действате. Какво можете да сторите? Много неща наистина.

◆

Обучавайте се.

Подготовката трябва да започне с осъзнатост и обучение. Трябва да разберете, с кого си имате работа. Образовайте се за НЛО/Извънземните феномени. Образовайте се относно последните открития на учените и астробиологията, които са достъпни за нас.

ПРЕПОРЪЧИТЕЛНА ЛИТЕРАТУРА

* Вижте "Допълнителни Източници" в Приложението.

◆

Противопоставяйте се на въздействието на Умиротворителната Програма.

Противопоставяйте се на Умиротворителната програма. Дайте отпор на въздействието, за да стане то равнодушно и неотзивчиво към вашето Знание. Противопоставете се на Интервенцията чрез съзнанието, чрез защита и разбиране. Промотирайте човешкото сътрудничество, единство и интегритет.

ПРЕПОРЪЧАНА ЛИТЕРАТУРА

* Духовност във Великата Общност, Глава 6:"Какво представлява Великата Общност?" и Глава 11: "С каква цел е подготовката ви?"
* Живеейки в Пътя на Знанието, Глава 1:"Живеейки в Присъединяващ се Свят"

◆

Бъдете съзнателни за менталната(мисловната) среда.

Менталната (мисловната) среда е средата на мислите и въздействията, в която ние живеем. Нейният ефект върху нашето мислене, емоции и действия е по-голям дори от ефекта на физическата среда. Менталната ни среда е афектирана и повлияна сега директно от Интервенцията. Тя също така е афектирана от правителствата и търговските интереси около нас. Много е важно да сме съзнателни за менталната си среда, за да можем да поддържаме личната си свобода и да мислим и действаме свободно и ясно. Първата стъпка, която можете да направите, е да изберете съзнателно кой и какво въздейства върху вашето мислене и върху вашите решения, посредством информацията която получавате. Това включва медии, книги и убедителни приятели, семейство и представители на властта. Определете своята разграничителна линия и се учете да определяте с прозорливост и обективност, какво другите хора и дори обществото ви казват. Всеки от нас, трябва да учи да открива съзнателно тези влияния и въздействия, за да може да защити и въздигне мисловната среда в която живее.

PREPORЪЧИТЕЛНА ЛИТЕРАТУРА

- Мъдрост от Великата Общност Том 2, Глава 12: "Себеизразяване и Мисловна Среда" и Глава 15: "Откликване на Великата Общност"

◆

Изучаване на Пътя на Великата Общност.

Изучаването на Пътя на Великата Общност ви приближава до директния контакт с дълбокото духовно съзнание, което Създателят на живота е поставил във вас. Това е мястото, дълбоко отвъд интелекта ни на нивото на Знанието, където ние сме в безопасност от намесата и манипулацията на всякакви сили от Великата Общност. Знанието също така пази за вас велика духовна цел за идването ви на света в това време. Това е истинския център на вашата духовност. Можете да започнете вашето пътешествие в Пътя на Знанието във Великата Общност днес, като започнете да изучавате Стъпките към Познанието онлайн на: www.newmessage.org/bg

ПРЕПОРЪЧИТЕЛНА ЛИТЕРАТУРА

- Духовност на Великата Общност, глава 4:"Какво е Знание/Познание?"
- Живеейки по Пътя на Знанието: Всички глави
- Изучаване на Стъпките към Знанието: Книга на Вътрешното Познание

◆

Сформирайте Читателска Група на Съюзниците

За да създадете позитивна атмосфера, където материалите на Съюзниците да бъдат задълбочено разгледани, се включете с другите и създайте Читателска Група на Съюзниците. Ние установихме, че когато хората четат на глас с други в една група и свободно задават въпроси и споделят виждания, разбирането им по отношение на материала се увеличава значително. Това е един от начините да откриете други свои съмишленици, споделящи вашето съзнание и желаещи да знаят истината за Интервенцията. Вие можете да започнете само с още някой друг.

ПРЕПОРЪЧАНА ЛИТЕРАТУРА

- Мъдрост от Великата Общност Том 2, глава 10:"Посещения от Великата Общност", Глава 15:"Откликване на Великата Общност", Глава 17: "Възприятие на Посетителите на Човечеството" и Глава 28: "Реалности във Великата Общност"
- Книга Втора на Съюзниците: Всички глави.

◆

Опазване и защита на околната среда.

С всеки изминал ден ние научаваме все повече и повече за нуждата от опазване и защита на естествената ни околна среда. Дори ако Интервенцията не съществуваше, това също би било належаща грижа. Но съобщението на Съюзниците дава нов импулс и ново разбиране за нуждата от създаване на план за продължително използуване на природните ресурси. Бъдете съзнателни как живеете и какво консумирате и открийте, с какво можете да сте от полза за околната среда. Както и Съюзниците подчертават, нашето задоволяване като раса ще бъде необходимо за защита на свободата и напредъка ни във Великата Общност на интелигентния живот.

ПРЕПОРЪЧИТЕЛНА ЛИТЕРАТУРА

- Мъдрост от Великата Общност Том 1, Глава 14: "Еволюция на Света"
- Мъдрост от Великата Общност Том 2, Глава 25: "Околна Среда"

◆

Разпространение на съобщението за Инструкциите от Съюзниците на Човечеството

Вашето споделяне на съобщението от Съюзниците с другите е много важно от гледна точка на:

— Спомагате за прекратяване на мълчанието, което заобикаля действителността и размера на извънземната Интервенция.

— Спомагате да бъде разчупена изолацията, която пречи на връзката между хората по отношение на това огромно предизвикателство.

— Събуждате тези, които са попаднали под влиянието на Умиротворителната Програма, давайки им шанс да използуват собствените си съзнания, за да преоценят значението на този феномен.

— Подсилвате решението както във вас, така и в околните да не се поддават на страха и отбягването на това огромно предизвикателство на нашето време.

— Утвърждавате интуицията и Знанието на другите хора за Интервенцията.

— Спомагате за установяването на съпротива, която може да осуети Интервенцията и да изгради пълномощия, които да дадат на човечеството сили и единство да установи свои Правила на Поведение.

ТОВА СА НЯКОИ СТЪПКИ, КОИТО МОЖЕТЕ ДА ПРЕДПРИЕМЕТЕ ДНЕС:

— Споделете тази книга и това съобщение с другите. Цялата първа част на брифингите са възможни за четене и теглене онлайн без заплащане от сайта на Съюзниците: www.alliesofhumanity.org/bg.

— Прочетете Декларацията за Човешкия Суверенитет и споделете този ценен документ с другите. Той може да бъде открит онлайн: www.humansovereignty.org.

— Окуражавайте книжарниците във вашия град, да имат в наличност двата тома на Съюзниците на Човечеството и останалите книги от Маршал Виан Самърс. Това увеличава достъпа на други читатели до тях.

— Споделяйте всички материали на Съюзниците, както и възможностите за съществуващи онлайн форуми и дискусии, когато това е подходящо.

— Присъствайте на конференциите и сбирките и споделяйте перспективата на Съюзниците.

— Превеждайте Документите на Съюзниците на Човечеството. Ако знаете други езици, моля помогнете в превода на Брифингите, за да бъдат те достъпни до повече читатели по света.

— Свържете се с Библиотеката на Новото Знание, за да получите безплатния пакет за подкрепа на Съюзниците с материали, които могат да ви помогнат да споделите тези съобщения с други хора.

ПРЕПОРЪЧИТЕЛНА ЛИТЕРАТУРА

- Живот по Пътя на Знанието, Глава 9: "Споделяне на Пътя на Знанието с Другите"
- Мъдрост от Великата Общност Том 2, Глава 19: "Кураж"

◆

Това в никакъв случай не е пълния набор от литература. Това е само началото. Вгледайте се в живота си и открийте нови възможности и бъдете отворени за своето Знание и интуиция в този контекст. В допълнение към нещата дадени по-горе, хората са открили вече креативни пътища, за да изразят Съобщението на Съюзниците – посредством изкуството, музиката, поезията. Открийте и вие своя път.

СЪОБЩЕНИЕ ОТ
МАРШАЛ ВИАН САМЪРС

◆

За 25 години, аз бях погълнат от религиозно изживяване. В резултат на това, получих голям брой писания относно духовната същност на човека и човешката съдба в голямата панорама на интелигентния живот във вселената. Тези писания, съдържащи се в ученията за Пътя на Знанието на Великата Общност, съдържат теологичната рамка, която е отговорна за живота и присъствието на Бог във Великата Общност, голямото разпространение на пространството и времето за което знаем, че е нашата вселена.

Информацията за вселената, която получих, съдържа множество на брой съобщения едно от които е, че човечеството се присъединява към Великата Общност на интелигентния живот и за което ние трябва да се подготвим. Присъщо в това съобщение е разбирането, че човечеството не е само в космоса или дори в нашия свят и че във Великата Общност, човечеството ще има приятели, съперници и неприятели.

Тази действителност беше драматично потвърдена от неочакваните предавания на първия пакет от Документите на Съюзниците през 1997 г. Три години по-рано, през 1994 г. аз получих теологичната структура, за да разбера Брифингите на Съюзниците в моята книга *Духовност във Великата Общност: Нови Откровения*. В този момент, в резултат на духовната ми работа и писания разбрах, че човечеството има съюзници във вселената, които са загрижени за благополучието и бъдещето на нашата раса.

С увеличаващата се информация за вселената която ми е разкрита, идва разбирането, че в интелигентния живот във вселената, напредналите и етични раси нямат задължението да завещават своята мъдрост на млади и присъединяващи се раси като нашата и че това завещание трябва да се осъществи без директна намеса или интервенция в делата на тези млади раси. Желанието в този случай е да се информира, а не да се намесва. Това "предаване на мъдрост", представлява отдавна съществуващ етичен кодекс, засягащ Контакта с присъединяващи се раси и как той би трябвало да бъде осъществен. Двата набора документи от Съюзниците са ясна демонстрация на този модел на ненамеса и етичен Контакт. Този модел би трябвало да бъде пътеводна светлина и стандарт, който ние да очакваме от другите раси да спазват в техните опити да контактуват с нас или да посетят нашия свят. Тази демонстрация на етичен Контакт обаче, е в абсолютен контраст с Интервенцията, която е на света днес.

Ние сме в изключително уязвима ситуация. С изчерпаването на природните ресурси, с унищожаването на околната среда и риска от бъдещо разединение на човешкото семейство увеличаващо се всеки ден, ние сме много подходящи за Интервенция. Ние живеем в изолация в богат и уязвим свят, който е желан от други раси отвъд. Ние сме разделени, объркани и невиждащи големия риск от намеса в нашите граници. Това е феномен, който се повтаря в историята отново и отново и който засяга съдбата на изолирните местни хора, които се изправят срещу интервенцията за пръв път. Ние не сме реалистични в своите предположения относно силите и добрите дела на интелигентния живот във вселената. И ние едва сега започваме да вярваме в това от условията, които сме създали в нашия свят.

Неудобната истина е, че човешкото семейство не е подготвено за директен Контакт и естествено е неподготвено за интервенция. Първо, ние трябва да сложим в ред нашия собствен дом. Ние все още нямаме зрелостта да се срещаме с други раси във Великата Общност от позицията на обединена, силна и прозорлива раса. И докато не достигнем до тази фаза, ако някога изобщо го осъществим, не би трябвало чужди раси да се намесват директно в нашия свят. Съюзниците ни осигуряват толкова необходимата мъдрост и перспектива, но не се намесват в нашите дела. Те ни казват каква е нашата орис и каква би трябвало да бъде тя в собствените ни ръце. Такова е бремето на свободата във вселената.

Независимо от липсата на подготовка обаче, Интервенцията е налице. Сега човечеството трябва да се подготви за това най-важно препятствие в своята история. Вместо да бъдем само обикновени свидетели на този феномен, ние сме в неговия център. Той се случва независимо дали сме наясно с него или не. Той има потенциала да промени хода на човечеството. И той зависи от това, кои сме ние тук на този свят в това време.

Пътят на Знанието от Великата Общност е даден, за да осигури учението и подготовката, от които се нуждаем, за да се изправим срещу това препятствие, да обнови човешкия дух и да постави ново начало за човешкото семейство. Той говори на належащата нужда от човешка обединеност и съдействие; първостепенността на Знанието, нашата духовна интелигентност и големите отговорности, които трябва да приемем прад прага на космоса. Той представлява Новото Съобщение от Създателя на живота.

Моята мисия е да доставя тази велика космология и подготовка на света, с нова надежда и обещание за страдащото човечество. Дългата ми подготовка и огромното обучение в Пътя на Знанието на Великата Общност са тук за тази цел. Брифингите на Съюзниците на Човечеството са малка част от това огромно съобщение. Време е да прекратим безкрайните конфликти и да се готвим за живота във Великата Общност. За целта, ние се нуждаем от ново разбиране за себе си като хора – коренното население на този свят, родени от една духовност – и от уязвимата ни позиция на млада, присъединяваща се раса във вселената. Това е моето съобщение за човечеството и затова съм дошъл на този свят.

МАРШАЛ ВИАН САМЪРС

2008г

Приложение

◆

ИЗПОЛЗУВАНИ ТЕРМИНИ

СЪЮЗНИЦИ НА ЧОВЕЧЕСТВОТО: Малка група физически същества от Великата Общност, които са се установили на тайно място в близост до нашия свят, в нашата слънчева система. Тяхната мисия е да наблюдават, да докладват и да ни съветват за дейностите на извънземните посетители и интервенцията в света днес. Те представляват мъдрите в много светове.

ПРИШЪЛЦИТЕ: Няколко раси от Великата Общност, "посещаващи" нашия свят без наше разрешение, които се намесват активно в човешките дейности. Пришълците са включени в процеса на интеграция в материята и душата на човешкия живот, с цел осигуряване на контрол върху природните ресурси и хората на света.

ИНТЕРВЕНЦИЯТА: Присъствието, целта и дейностите на извънземните пришълци на света.

МИРОТВОРИТЕЛНА ПРОГРАМА: Програмата на пришълците за убеждаване и въздействие, както и за обезоръжаване на човешкото съзнание и прозорливост от Интервенцията, с цел превръщането на човечеството в пасивна и сервилна раса.

ВЕЛИКАТА ОБЩНОСТ: Космоса. Обширната физическа и духовна вселена, към която се присъединява човечеството, която съдържа интелигентен живот в неизброими проявления.

НЕВИДИМИТЕ: Ангелите на Създателя, които наглеждат духовното развитие на съзнателните същества във Великата Общност. Те са наречени "Невидими" от нашите Съюзници.

ЧОВЕШКА СЪДБА: Съдбата на човечеството е присъединяване към Великата Общност. Това е нашата еволюция.

КОЛЕКТИВИТЕ: Сложни йерархични организации, съставени от няколко извънземни раси, които са съюзени и предани едни на други. Днес на света има представители на повече от един колектив и всички те имат съревноваващи се цели.

МЕНТАЛНА СРЕДА: Средата в която се осъществяват мислите, влиянията и въздействията.

ЗНАНИЕ: Духовната Интелигентност, която живее във всяка личност. Източника на всичко, което знаем. Вътрешното разбиране. Вечната мъдрост. Безвременната част от нас, която не може да бъде повлияна, манипулирана или корумпирана. Потенциала на целия интелигентен живот. Знанието е Бог във вас и Бог е цялото Знание във вселената.

ПЪТ НА ИНТУИЦИЯТА: Някои от ученията в Пътя на Знанието, които се преподават в много светове във Великата Общност.

ПЪТ НА ЗНАНИЕТО ВЪВ ВЕЛИКАТА ОБЩНОСТ: Духовно учение от Създателя, което се практикува на много места във Великата Общност. То учи как да изпитаме и предаваме Знанието и как да опазим личната свобода във вселената. Това учение е пратено тук, за да подготви човечеството за реалността на живота във Великата Общност.

КОМЕНТАРИ ВЪРХУ СЪЮЗНИЦИТЕ НА ЧОВЕЧЕСТВОТО

◆

Аз бях силно впечатлен от Съюзниците на Човечеството ... защото съобщението оповестява истината. Контакти на радарите, ефекти на земята, видеозаписи и филми доказват, че НЛО съществуват реално. Сега трябва да помислим над въпроса: плановете на техните пътници. Съюзниците на Човечеството застават твърдо зад този въпрос, въпрос, който може да бъде изключително важен за бъдещето на хората."

— Джим Марс, автор на
Дневният ред на Извънземните и
Управление в Тайна

В светлината на десетилетията, прекарани в изучавене на уфология/ извънземни, аз имам позитивно отношение, както към Самърс като предавател, така и към съобщението на неговия източник в неговата книга. Аз съм дълбоко впечатлен от неговата почтеност като човек, като дух и като истинско средство за съобщение. В тяхното съобщение и поведение, както Самърс, така и извънземните за мен убедително демонстрират ориентация за служба към другите хора, както и дори служба към извънземните, служба към себе си. Докато е сериозно и предупредително в своя тон, съобщението в тази книга съживява духа ми с обещание за чудесата, очакващи човечеството след присъединяването му към Великата Общност. Ние трябва междувременно да открием входа към родствената ни връзка с нашия Създател, за да сме сигурни, че не сме прекалено манипулирани или експлоатирани от някои членове на тази велика общност в този процес."

— ДЖОН КЛИМО, автор на

Викане на духове.: Разследвания на
Получена Информация от
Паранормални Източници

Изучаването на феномена НЛО/Извънземни Похищения за 30 години беше за мен като парче от гигански пъзел. Вашата книга ми дава подходящата структура за останалите парчета."

— ЕРИК ШВАРЦ,
ЛЦСВ, Калифорния

Съществува ли свободен обяд в космоса? Съюзниците на Човечеството ни напомнят най-убедително, че такъв няма."

— ИЛЕЙН ДЪГЛАС,
МУФОН ко-директор, Юта

Съюзниците ще имат голям отзвук между испано-говорящото население по света. Трябва да сте сигурни в това! Толкова много хора, не само в моята страна се борят за своите права да защитят своята култура! Вашите книги само потвърждават, какво са се опитвали да ни кажат те по толкова различни начини и за толкова дълго време."

— ИНГРИД КАБРЕРА, Мексико

Тази книга отекна дълбоко в мен. За мен, [*Съюзниците на Човечеството*] е най-малкото разтърсваща. Аз почитам силите, човешки и други, които са допринесли за създаването на тази книга и се моля спешното предупреждение което носи, да бъде взето под внимание.

— РЕЙМЪНД ЧАНГ, Сингапур

Повечето от материалите на Съюзниците отговарят на това, което съм научил или чувствам, че е истина."

— ТИМЪТИ ГУУД, Британски НЛО
търсач и автор на *Разкрития*
Отвъд Свръх
Секретното и
Свръхестественото

ПО-НАТАТЪЧНИ ИЗСЛЕДВАНИЯ

*С*ЪЮЗНИЦИТЕ НА ЧОВЕЧЕСТВОТО адресира фундаменталния въпрос за реалността, естеството и целта на извънземното присъствие в света днес. Тази книга обаче, поставя много повече въпроси, които трябва да бъдат открити чрез по-нататъчни изследвания. Като такава, тя служи като катализатор за по-високо съзнание и подтиква към действия.

За да научите повече, последвайте двете направления, които можете да следвате отделно или заедно. Първото направление е изучаването на феномена НЛО/ИЗВЪНЗЕМНИ, който е добре документиран през последните четири десетилетия от изследователи, представящи различни гледни точки. В следващите страници, ние сме дали някои важни източници на този субект, за който мислим, че е свързан с материалите на Съюзниците. Ние окуражаваме всички читатели да се информират повече за този феномен.

Второто направление е за читатели, които биха желали да открият духовна връзка с феномена и какво лично биха могли да сторят, за да се подготвят. За тази цел, ние препоръчваме написаното от Маршал Виан Самърс, посочено в следващите страници.

За да бъдете информирани за новите материали на Съюзниците на Човечеството, моля посетете сайта на Съюзниците: www.al-liesofhumanity.org/bg. За повече информация относно Пътя на Знанието във Великата Общност, моля посетете: www.newmessage.org/bg.

ДОПЪЛНИТЕЛНИ ИЗТОЧНИЦИ

О тдолу е предварителния лист на източниците относно субекта на феномена НЛО/ИЗВЪНЗЕМНИ. Това в никакъв случай не е изчерпателна библиография относно субекта, а по-скоро е начално място. Веднъж, когато вашето разследване за реалността на феномена е започнало, ще има още и още материали за вас, които да изследвате, както от тези така и от други източници. Прозорливостта винаги е необходима.

КНИГИ

Берлингер, Дон: *НЛО Документ*, Издателство Дел, 1995г.

Браян, Ц.Д.Б., *Близки срещи от Четвърти Вид: Извънземни Похищения, НЛО и Конференцията в МТИ*, Пингуин, 1996 г.

Долан, Ричард: *НЛО и Състоянието на Националната Сигурност: Хронология на Прикриването*, 1941-1973г. Издателство Хемптон Роуд, 2002г.

Флауер, Реймонд Е.: *Похищенията от Алагаш: Неоспорими Доказателства за Извънземна Намеса*, 2 Издание, Издателство Гранит, Л.Л.Ц. 2005г.

Гууд, Тимъти: *Свръхестествени Разкрития*, Книги Стрела, 2001г.

Гринспун, Дайвид: *Самотни Планети: Естествена Философия на Извънземния Живот*, Издателство Харпър Колинс, 2003г.

Хопкинс, Бъд: *Липсващо Време*, Книги Балантин, 1988г.

Хоу, Линда Молтън: *Извънземна Реколта*, ЛМХ Продукция, 1989г.

Джейкъбс, Дейвид: *Заплахата: Какво Наистина Желаят Извънземните*, Саймън Шустер, 1998г.

Мак, Джон Е.: *Похищение: Човешки Срещи с Извънземни*, Чарлс Шрибнер и Синове, 1994г.

Марс, Джим: *Извънземен Дневен Ред: Разследване на Извънземното Присъствие Около Нас*, Харпър Колинс, 1997г.

Судер, Ричард: *Подводни и подземни Бази*, Издателство Безгранични Приключения, 2001 г.

Търнър, Карла: *Отвлечени: Вътре в Плановете на Извънземни-Човешки Похищения*, Бъркли Книги, 1992г.

Видео Записи

Дневен Ред и Етика на Контактите с Маршал Виан Самърс, МЪФОН Симпозиум, 2006г. Достъпна чрез Библиотеката на Новото Знание.

Извънземната Интервенция и Контрол в Менталната Среда, с Маршал Виан Самърс, Конспирация Кон, 2007г.

Достъпна чрез Библиотеката на Новото Знание.

Незнайно от къде: Окончателно Разследване на Феномена НЛО, Издателска Къща Хановер, 2007г. За поръчки:

http://outofthebluethemovie.com/

Уеб сайтове

www.humansovereighty.org

www.alliesofhumanity.org/bg

www.newmessage.org/bg

ИЗВАДКА ОТ КНИГИТЕ НА ПЪТЯ НА ЗНАНИЕТО ВЪВ ВЕЛИКАТА ОБЩНОСТ

◆

"Вие не сте обикновени човешки същества на този свят. Вие сте граждани на Великата Общност на Световете. Това е физическата вселена, която вие познавате чрез сетивата си. Тя е много по-голяма, отколкото можете да си представите...Вие сте граждани на велика физическа вселена. Това включва не само вашето Потекло и Наследство, но също така и вашата цел в живота в това време, защото човешкия свят израства и се присъединява към живота във Великата Общност на световете. Това ви е познато, въпреки че вашите вярвания може и да не го отразяват."

— *Стъпки към Знанието*:

Стъпка 187: Аз съм гражданин

на Великата Общност на Световете

"Вие сте дошли на света във важна и повратна точка, повратна точка от която вие през живота си ще видите само много малка част. Това е повратна точка, в която вашия свят започва да контакува със световете в близост до него. Това е естествена еволюция за човечеството, както е естествено и за интелигентния живот във всички светове."

— *Стъпки към Знанието*:
Стъпка 190: Светът се присъединява
към Великата Общност на световете
и затова съм дошъл

"Имате големи приятели отвъд този свят. Затова човечеството желае да се присъедини към Великата Общност, защото Великата Общност представлява голямо разнообразие от истински връзки. Вие имате истински приятели отвъд света, защото не сте сами на света и не сте сами във Великата Общност на световете. Вие имате приятели отвъд този свят, защото вашето Духовно Семейство има представители навсякъде. Имате приятели отвъд този свят, защото работите не само за еволюцията на вашия свят, но също така и за еволюцията във вселената. Това е истината отвъд вашите представи и отвъд вашето въображение."

— *Стъпки към Знанието*:
Стъпка 211: Имам велики приятели
отвъд този свят.

"Не реагирайте с надежда. Не реагирайте със страх. Отговаряйте със Знание."

— *Мъдрост от Великата Общност*
Том 2
Глава 10: Визити от Великата
Общност

"Какво се случва?" Науката не може да отговори на това. Разумът не може да отговори на това. Самозалъгването не може да отговори на това. Страхливата самозащита не може да отговори на това. Какво може да отговори на това? Вие трябва да зададете този въпрос по друг начин, с друго мислене, да гледате с други очи и да имате различно изживяване."

— *Мъдрост от Великата Общност*
Том 2
Глава 10: Визити от Великата
Общност

"Вие трябва да мислите сега за Бог във Великата Общност – не човешки Бог, не Бог от написаната ви история, не Бог от вашите изпитания и премеждия, а Бог на всички времена, за всички раси, от всички измерения, за тези, които са примитивни и тези, които са напреднали, за тези, които мислят като вас и тези, които мислят много по-различно, за тези, които вярват и тези, за които вярата е необяснима. Това е Бог във Великата Общност. И тук трябва да започнете."

— *Духовност на Великата Общност*
Глава 1: Какво е Бог?

"Вие сте нужни на света. Време е за подготовка. Време е да бъдете фокусирани и решителни. Няма изход от това, защото само тези, които са развити в Пътя на Знанието, ще имат възможности в бъдещето и ще могат да поддържат своята свобода в мисловната среда, която ще бъде все повече под въздействията от Великата Общност."

— *Живот в Пътя на Знанието*:
Глава 6: Колоната на
Духовното Развитие

"Тук няма герои. Няма някой, който да е обожествяван. Има основи, които трябва да се изграждат. Има работа, която да бъде свършена. Има подготовка, която да бъде извършена. И има свят, на който да се служи.

— Живот по Пътя на Знанието:
Глава 6: Колоната на Духовното
Развитие

"Пътят на Знанието във Великата Общност е представен на света, където той е непознат. Той няма история и произход. Хората не са свикнали с него. Той не се побира в техните идеи, вярвания или очаквания. Той не потвърждава на света настоящите религиозни разбирания. Той идва в неподправена форма – без ритуал и блясък, без богатство и излишък. Той идва чист и обикновен. Той е като дете на света. Той е привидно уязвим и представлява Великата Реалност и великото обещание за човечеството."

— *Духовност от Великата Общност*:
Глава 22: Къде да открием Знанието?

"Има такива във Великата Общност, които са по-силни от вас. Те могат да ви надхитрят, но само ако не сте внимателни. Те могат да въздействат върху съзнанието ви, но не могат да го контролират, ако сте със Знанието."

— *Живот в Пътя на Знанието*:
Глава 10: Да бъдете Присъстващи на
Света

"Човечеството живее в голям дом. Част от него е в пламъци и гори. И тези, които ви навестяват се опитват да разберат как да потушат този огън в своя полза"

— *Живот в Пътя на Знанието*
Глава 11: Подготовка за Бъдещето

"Излезте навън в ясна нощ и погледнете нагоре. Вашата съдба е там. Вашите трудности са там. Вашите възможности са там. Вашето изкупление е там."

— *Духовност на Великата Общност*:
Глава 15: Кой Служи на
Човечеството?

"Никога не предполагайте, че напредналите раси притежават логика, ако нямат Знание. На практика те могат и да са против Знанието, както сте и вие. Стари навици, ритуали, структура и власт, трябва да бъдат предизвикани от фактите на Знанието. Ето защо, дори във Великата Общност мъжете и жените на Знанието са голяма сила."

— *Стъпки към Знанието*:
По-висши Нива

"Вашата смелост в бъдещето не трябва да бъде породена от преструвки, а от увереността ви в Знанието. По този начин, вие ще сте убежище на мира и източници на богатство за другите. Такова е вашето предназначение. За това сте дошли на света."

> — *Стъпки към Знанието*
> Стъпка 162: Днес няма да се страхувам.

"Не е лесно да сте на света днес, но ако приноса е вашата цел и намерение, това е подходящото време да сте на света."

> — *Духовност от Великата Общност*:
> Глава 11: За какво се подготвяте?

"За да носите мисията си, вие трябва да имате големи съюзници, защото Бог знае, че не можете да се справите сами."

> — *Духовност от Великата Общност*
> Глава 12: Кого ще Срещнете?

"Създателят няма да изостави човечеството без подготовка за Великата Общност. И затова е представен Пътя на Знанието във Великата Общност. Той е роден от Великата Воля на вселената. Той е предаден чрез Ангелите на вселената, които служат на появата на Знанието навсякъде и които култивират връзките, които могат да въплатят Знанието навсякъде. Това е Божествената работа на света, не да ви приближи до Божественото, а да ви приближи до света, защото светът се нуждае от вас. Затова сте пратени тук. Затова сте избрали да дойдете тук. И вие сте избрани да дойдете, да помагате и служите в присъединяването на света към Великата Общност, защото това е най-належащата нужда за човечеството в това време и

тази нужда ще затъмни всички човешки нужди в идващите време-
на."

— Духовност от Великата Общност

Въведение

ЗА АВТОРА

◆

Въпреки, че е малко познат днес на света, Маршал Виан Самърс би могъл да бъде признат за най-забележителния духовен учител на нашето време. За повече от двадесет години той пише и обучава на духовност, която признава неопровержимата реалност, в която живее човечеството в огромната и населена вселена, човечество, което се нуждае спешно от подготовка за присъединяването си към интелигентния живот във Великата Общност.

М.В. Самърс учи на дисциплина на Знанието или на вътрешното знание. "Нашата дълбока интуиция," казва той, "не е нищо друго освен външна проява на великата сила на Знанието." Неговите книги, *Стъпки към Знанието: Книга за Вътрешното Познание*, която е победител през 2000 г. и е обявена за Книга на Годината за Духовност в САЩ и *Духовността във Великата Общност: Нови Откровения*, заедно са основата, която може да бъде считана за първата "Теология на Контакта". Цялото съдържание на книгата, около двадесет тома, е в наличност сега само в Библиотеката на Новото Знание и би могла да представи някои от най-оригиналните и напреднали духовни учения в модерната история. М.В. Самърс е също така създател на Общността на Пътя на Знанието във Великата Общност, религиозна организация с нетърговска цел.

Със *Съюзниците на Човечеството*, Маршал Виан Самърс се превръща между другото, в първия основен духовен учител, който ясно предупреждава за истинската същност на Интервенцията, действа-ща в света днес и зове за лична отговорност, подготовка и колективно съзнание. Той е посветил живота си на получаването на Пътя на Зна-нието във Великата Общност, дар за Човечеството от Създателя. Той се е отдал да донесе Новото Съобщение от Бог на света. За да четете за Новото Съобщение онлайн, моля посетете www.newmessage.org/bg.

ЗА ОБЩНОСТТА

О бщността за Пътя на Знанието във Великата Общност има велика мисия на света. Съюзниците на Човечеството са представили проблема на Интервенцията и това, което тя вещае. В отговор на това огромно предизвикателство, разрешението е било дадено в духовни учения наречени Път на Знанието във Великата Общност. Тези учения представят перспективата на Великата Общност и духовната подготовка, от която човечеството ще се нуждае, за да защити нашите права за себеопределяне и успешно да установи нашето място на присъединяващ се свят в голямата вселена на интелигентния живот.

Мисията на Общността е да представи това Ново Съобщение на човечеството чрез публикации, интернет сайтове, образователни програми, духовни медитации и уединения. Целта на Общността е развитието на мъже и жени на Знанието, които ще бъдат пионерите в подготовката за Великата Общност на света днес и които ще дадат отпор на Интервенцията. Тези мъже и жени ще бъдат отговорни за опазването на Знанието и Мъдростта живи на света, когато усилията за отстояване на човешката свобода се засилят. Общността е създадена от Маршал Виан Самърс през 1992г. като религиозна организация с нетърговска цел. През годините група отдадени ученици са се обединили, за да му помагат. Общността е подпомагана и поддържана от тези ученици, отдадени да донесат ново духовно съзнание и подготовка на света. Мисията на Общността обаче, изизква помощта и участието на много повече хора. Поради тежкото състояние на света, съществува належаща нужда от Знание и подготовка. Затова Общността приканва мъже и жени отвсякъде да ни подкрепят, за да отдадем дара на Новото Съобщение на света в тази критична и повратна точка от нашата история.

Като религиозна организация с нетърговска цел, Общността се подкрепя изцяло от доброволни дейности и дарения. Нарастващата нужда обаче от контакт и обучение на хората по света, надминава способността на Общността да изпълни своята мисия. Вие можете да станете част от тази велика мисия чрез своя принос. Споделяйте Съобщението на Съюзниците с другите. Помагайте да се увеличи съзнанието, че сме хора и свят присъединяващи се към великата арена на интелигентния живот. Станете ученици на Пътя към Знанието и ако сте в позиция на дарители за това голямо начинание или ако познавате някой, който е, моля обадете се на Общността. Вашият принос е нужен сега, за да стане възможно разпространението на критичното съобщение на Съюзниците по света и да се промени посоката на човечеството.

◆

"Вие стоите на прага на получаването

на нещо изключително,

нещо, което е много нужно на света-

нещо, което е предадено

на света и преведено

на света.

Вие сте от първите,

които ще го получите.

Приемете го добре"

ДУХОВНОСТ НА ВЕЛИКАТА ОБЩНОСТ

THE SOCIETY FOR THE GREATER COMMUNITY WAY OF
KNOWLEDGE

P.O. Box 1724, Boulder, CO 80306-1724

(303) 938-8401, fax (303) 938-1214

society@newmessage.org

www.alliesofhumanity.org   www.newmessage.org

ЗА ПРОЦЕСА НА ПРЕВОДА

Месията, Маршал Виан Самърс, получава Новото Съобщение от Бог от 1983г. Новото Съобщение от Бог е най-обширното Откровение, давано някога на човечеството, дадено сега на образован свят на глобални комуникации и нарастващо глобално съзнание. То не е предназначено за едно племе, един народ или една религия, а за всички хора по света. Затова са необходими преводи на колкото е възможно повече световни езици.

За пръв път в историята се разкрива процеса на Откровенията. Това е необикновен процес, в който Божието Присъствие комуникира отвъд думите с Ангелското Съсловие, което наблюдава света. След това, Съсловието трансформира тази комуникация на човешки език и говори като един за всички чрез техния Месия, чийто глас е средството на великия Глас – Гласът на Откровенията. Думите се изговарят на английски език и се записват на аудио носител, след това се презаписват и могат да бъдат слушани и четени от всички. По този начин, се запазва чистотата на Оригиналното Божие Съобщение и то може да се даде на хората.

Съществува и процес на превод, защото оригиналното Откровение се предава на английски език, който е основата за превод и на много други световни езици. Днес на света съществуват много на брой езици и преводите са много нужни, за да може Новото Съобще-

ние да докосне повече хора по света. Учениците на Новото Съобще-
ние, доброволно превеждат Съобщението на родните си езици.

В момента Общността не може да си позволи да заплаща труда на
преводачите на толкова езици и за такова обширно Съобщение, Съоб-
щение, което трябва да докосне света, колкото е възможно по-скоро.
Общността също така вярва, че е много важно за нашите преводачи
да са ученици на Новото Съобщение, за да разбират и изживяват, кол-
кото е възможно повече това, което превеждат.

Ние каним нови доброволци, които да се включат в процеса на
превода на Новото Съобщение, за да може то да докосне нови места и
хора по света. С времето, ние също така желаем да усъвършенстваме
качеството на преводите. Толкова много още има да бъде направено.

Книгите на Новото Съобщение от Бог

Бог говори отново

Единственият Бог

Новият пратеник

Великата общност

По-голяма общностна духовност

Стъпки към знанието

Връзки и по-висока цел

Да живееш пътя на познанието

Живот във Вселената

Великите вълни на промяната

Мъдрост от Великата Общност I & II

Тайните на небето

Съюзниците на човечеството Книги Първа, Втора и Трета

www.ingramcontent.com/pod-product-compliance
Lightning Source LLC
Chambersburg PA
CBHW022021090426
42739CB00006BA/237